JN494874

전산유체공학

Computational Fluid Dynamics

장 경 식 ♦ 지음

(울산대학교 교수)

에듀컨텐츠·휴피아
ECH Educontents·Huepia

에듀컨텐츠·휴피아
ECH Educontents·Huepia

본 교재는 2025년도 산업통상자원부 재원으로 한국에너지기술평가원의 지원을 받아 수행한 섹터커플링 에너지산업 고도화 인력양성사업(과제번호RS-2022-KP002703)으로 제작되었음.

목 차

Chapter 01. Introduction of CFD ··· 3

Chapter 02. Conservation Law of Fluid Motion and Boundary Conditions ··· 9

Chapter 03. The Finite Volume Method for Diffusion Problems ··· 33

Chapter 04. The Finite Volume Method for Convection-Diffusion Problems ··· 47

Chapter 05. Solution Algorithms for Pressure-Velocity Coupling in Steady Flows ··· 79

Chapter 06. Solution of Discretized Equations ··· 99

Chapter 07. The Finite Volume Method for Unsteady Flows ··· 109

Chapter 08. Errors and Uncertainty in CFD Modelling ··· 119

Chapter 09. Turbulent Flow Simulation ··· 129

Chapter 10. Applications ··· 145

에듀컨텐츠·휴피아
ECH Educontents·Huepia

전산유체공학

Computational Fluid Dynamics

에듀컨텐츠·휴피아
ECH Educontents Huepia

Chapter 01.

Introduction of CFD

에듀컨텐츠·휴피아
Educontents·Huepia

Background

- Position of CFD(Computational Fluid Dynamics)
    - CAD / CAM /CAE
    - Computer-Aided Design
    - Computer-Aided Manufacturing
    - Computer-Aided Engineering
    - CAE : CSD, CFD, CN, CC, CM
    - Computational Structure Dynamics
    - Computational Fluid Dynamics
    - CFD (Numerical Experiment) / EFD (Experiment)

Background

- Computational Fluid Dynamics
    - Analysis of systems involving fluid flow, heat transfer and associated phenomenon
    - By means of computer-based simulation
        - Aerodynamics of aircraft and vehicles : lift and drag
        - Hydrodynamics of ships and wind turbine
        - Power plant : combustion in internal combustion engines and gas turbines
        - Turbomachinery : flow insides rotating passage, diffusers
        - So many examples

CFD in google

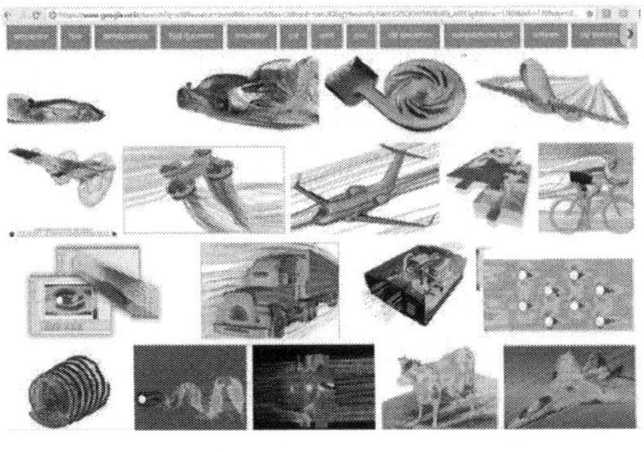

Background

- History of CFD
  - From 1960s onwards the aerospace industry has integrated CFD techniques into the design, R&D and manufacture of aircraft and jet engines
  - More recently the methods have been applied to the design of internal combustion engines, combustion chambers of gas turbines and furnace.
- Advantages of CFD over experiment-based approaches
  - Substantial reduction of load times and cost of new design
  - Ability to study system where controlled experiments are difficult or impossible to perf orm
  - Ability to study systems under hazardous conditions at and beyond their normal perfor mance limits (safety studies and accident scenarios)
  - Practically unlimited level of detail of results (du/dx, d^2u/dx^2...)

Background

- Computational Fluid Dynamics
  - Experiments vs. simulations

Experiments	Simulations
Quantitative description of flow phenomena using measurements • for one quantity at a time • at a limited number of points and time instants • for a laboratory-scale model • for a limited range of problems and operating conditions Error sources: measurement errors, flow disturbances by the probes	Quantitative prediction of flow phenomena using CFD software • for all desired quantities • with high resolution in space and time • for the actual flow domain • for virtually any problem and realistic operating conditions Error sources: modeling, discretization, iteration, implementation

Background

- Computational Fluid Dynamics
  - Pre-processor
    - Define geometry of the region of interest computational domain
    - Grid generation – sub-division of the domain, grid(or mesh)
    - Selection of physical model
    - Definition of fluid properties
    - Specification of appropriate boundary conditions
  - Solver
    - Approximation of unknown flow variables
    - Discretization of governing equations (FVM, FDM, FEM)
    - Solution of the algebraic equations
  - Post-processing
    - Domain geometry and grid display
    - Vector plots
    - Contours
    - 2D or 3D surface plots
    - Particle tracking or streamlines

Background

- Fluid dynamics

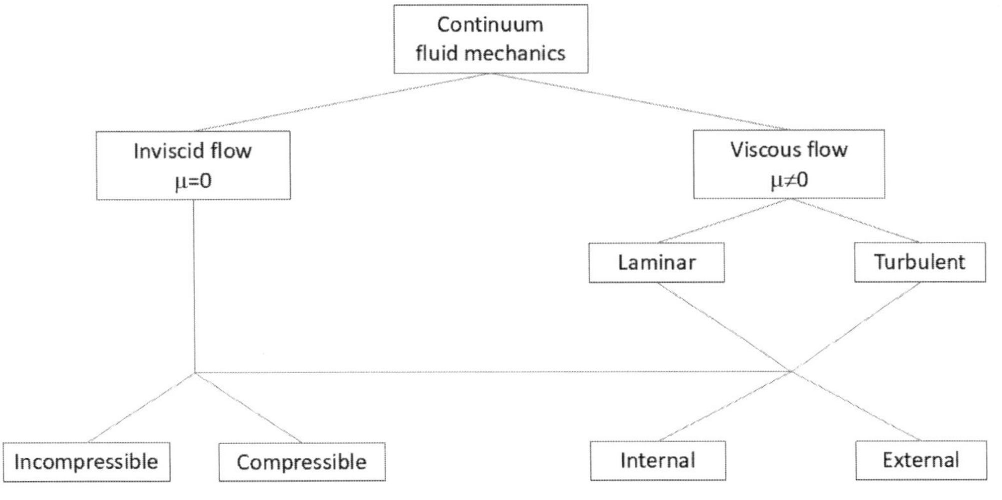

Chapter 02.

Conservation Law of Fluid Motion and Boundary Conditions

에듀컨텐츠·휴피아
Educontents·Huepia

2.1 Governing Equations of Fluid Flow and Heat Transfer

- Conservation laws of physics
  - The mass of fluid is conserved.
  - The rate of change of momentum equals the sum of the forces on a fluid particle
    - Newton's second law
  - The rate of change of energy is equal to the sum of the rate of heat addition to and the rate of work do ne on a fluid particle
    - The First law of thermodynamics

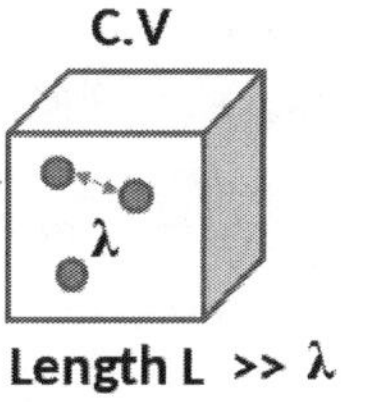

  - Continuum assumption
    - Fluid flows at macroscopic length scales >> 1 μm
    - The molecular structure and motions may be ignored.
    - Macroscopic properties
      - Velocity, pressure, density, temperature
      - Averaged over suitably large number of molecules
    - Fluid particle
      - The smallest possible element of fluid whose macroscopic properties are not influenced by individual mol ecules

2.1 Governing Equations of Fluid Flow and Heat Transfer

- Control volume
  - Six faces: N, S, E, W, T, B
  - The center of the element: (x, y, z)

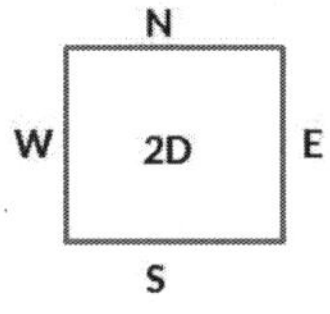

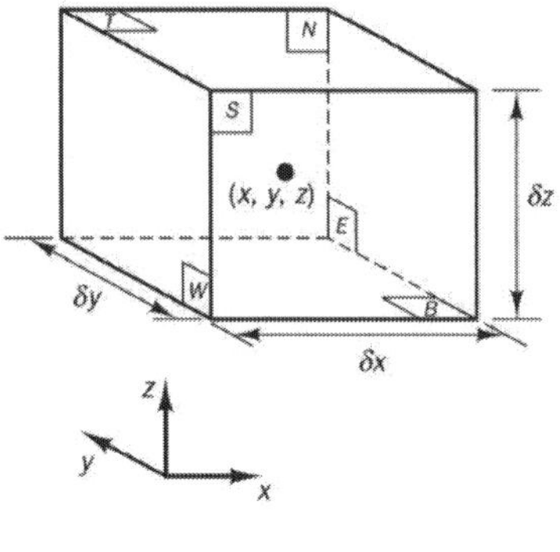

- Properties at the volume center

$$\rho = \rho\,(x, y, z, t)$$

$$p = p\,(x, y, z, t)$$

$$T = T\,(x, y, z, t)$$

$$\boldsymbol{u} = \boldsymbol{u}\,(x, y, z, t)$$

- Fluid properties at faces are approximated
  - by means of the first order of Taylor series
  - The pressure at the W and E faces

$$p - \frac{\partial p}{\partial x}\frac{1}{2}\delta x \quad p + \frac{\partial p}{\partial x}\frac{1}{2}\delta x$$

2.1 Governing Equations of Fluid Flow and Heat Transfer

- 2.1.1 Mass Conservation in Three Dimensions

$$\begin{pmatrix}\text{Rate of increase}\\ \text{of mass in}\\ \text{fluid element}\end{pmatrix} = \begin{pmatrix}\text{Net rate of flow}\\ \text{of mass into}\\ \text{fluid element}\end{pmatrix}$$

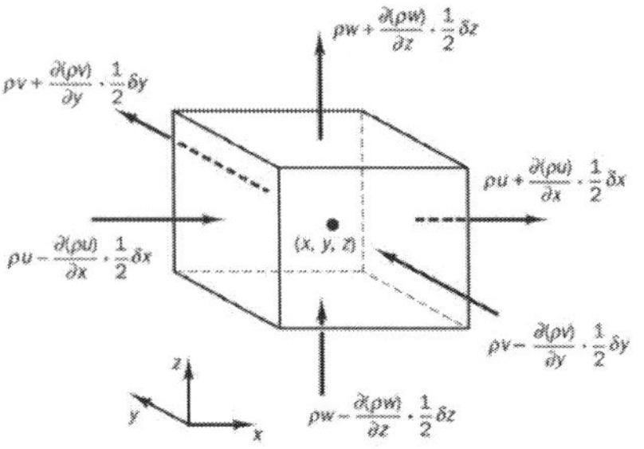

  - Rate of increase of mass

$$\frac{\partial}{\partial t}(\rho\delta x\delta y\delta z) = \frac{\partial\rho}{\partial t}\delta x\delta y\delta z$$

  - Net rate of flow of mass into the element

$$\left(\rho u - \frac{\partial(\rho u)}{\partial x}\frac{1}{2}\delta x\right)\delta y\delta z - \left(\rho u + \frac{\partial(\rho u)}{\partial x}\frac{1}{2}\delta x\right)\delta y\delta z$$
$$+\left(\rho v - \frac{\partial(\rho v)}{\partial y}\frac{1}{2}\delta y\right)\delta x\delta z - \left(\rho v + \frac{\partial(\rho v)}{\partial y}\frac{1}{2}\delta y\right)\delta x\delta z$$
$$+\left(\rho w - \frac{\partial(\rho w)}{\partial z}\frac{1}{2}\delta z\right)\delta x\delta y - \left(\rho w + \frac{\partial(\rho w)}{\partial z}\frac{1}{2}\delta z\right)\delta x\delta y$$

$$\frac{\partial\rho}{\partial t} + \frac{\partial(\rho u)}{\partial x} + \frac{\partial(\rho v)}{\partial y} + \frac{\partial(\rho w)}{\partial z} = 0$$

$$\boxed{\frac{\partial\rho}{\partial t} + \mathrm{div}(\rho\mathbf{u}) = 0}$$

Mass conservation/ Continuity Eq.

2.1 Governing Equations of Fluid Flow and Heat Transfer

- Unsteady, three dimensional mass conservation or continuity equation in a compressible fluid

$$\boxed{\frac{\partial\rho}{\partial t} + \mathrm{div}(\rho\mathbf{u}) = 0}$$

- For incompressible fluid, density ρ is constant,

$$\mathrm{div}\;\mathbf{u} = 0$$

$$\frac{\partial u}{\partial x} + \frac{\partial v}{\partial y} + \frac{\partial w}{\partial z} = 0$$

2.1 Governing Equations of Fluid Flow and Heat Transfer

- 2.1.2 Rates of change following a fluid particle and for a fluid element
  - Lagrangian approach/ changes of properties of a fluid particle
  - Total or substantial derivative of ϕ
  - ϕ: property per unit mass, function of the position (x,y,z) and time t

$$\frac{D\phi}{Dt}=\frac{\partial\phi}{\partial t}+\frac{\partial\phi}{\partial x}\frac{dx}{dt}+\frac{\partial\phi}{\partial y}\frac{dy}{dt}+\frac{\partial\phi}{\partial z}\frac{dz}{dt}$$

  - A fluid particle follows the flow, so

$$dx/dt=u$$
$$dy/dt=v$$
$$dz/dt=w$$

  - Hence, the substantial derivative of ϕ is given by

$$\frac{D\phi}{Dt}=\frac{\partial\phi}{\partial t}+u\frac{\partial\phi}{\partial x}+v\frac{\partial\phi}{\partial y}+w\frac{\partial\phi}{\partial z}=\frac{\partial\phi}{\partial t}+\mathbf{u}\ .\ \mathrm{grad}\ \phi$$

2.1 Governing Equations of Fluid Flow and Heat Transfer

- 2.1.2 Rates of change following a fluid particle and for a fluid element

$\frac{D\phi}{Dt}$: the rate of change of property ϕ per unit mass

$\rho\frac{D\phi}{Dt}$: the rate of change of property ϕ per unit volume

$$\frac{D\phi}{Dt}=\frac{\partial\phi}{\partial t}+u\frac{\partial\phi}{\partial x}+v\frac{\partial\phi}{\partial y}+w\frac{\partial\phi}{\partial z}=\frac{\partial\phi}{\partial t}+\mathbf{u}\ .\ \mathrm{grad}\ \phi \qquad \rho\frac{D\phi}{Dt}=\rho\left(\frac{\partial\phi}{\partial t}+\mathbf{u}\ .\ \mathrm{grad}\ \phi\right)$$

  - Eulerian approach/ changes of properties in a fluid element
    - Far more common than Lagrangian approach in Fluid mechanics
    - Derivation of equations for collections of fluid elements making up a region fixed in space

2.1 Governing Equations of Fluid Flow and Heat Transfer

- 2.1.2 Rates of change following a fluid particle and for a fluid element
  - LHS of the mass conservationequation

$$\frac{\partial \rho}{\partial t} + \operatorname{div}(\rho \mathbf{u})$$

  - The generalization of these terms for an arbitrary conserved property

$$\frac{\partial(\rho\phi)}{\partial t} + \operatorname{div}(\rho\phi\mathbf{u}) \qquad \begin{pmatrix}\text{Rate of increase}\\ \text{of } \phi \text{ per unit volume}\end{pmatrix} + \begin{pmatrix}\text{Net rate of flow of } \phi\\ \text{out of fluid element}\\ \text{per unit volume}\end{pmatrix}$$

$$\frac{\partial(\rho\phi)}{\partial t} + \operatorname{div}(\rho\phi\mathbf{u}) = \rho\left[\frac{\partial \phi}{\partial t} + \mathbf{u}\ .\ \operatorname{grad}\ \phi\right] + \phi\left[\frac{\partial \rho}{\partial t} + \operatorname{div}(\rho\mathbf{u})\right]$$

$$\rho\frac{D\phi}{Dt} = \rho\left(\frac{\partial \phi}{\partial t} + \mathbf{u}\ .\ \operatorname{grad}\ \phi\right) \qquad \boxed{\frac{\partial \rho}{\partial t} + \operatorname{div}(\rho\mathbf{u}) = 0}$$ from continuity equation

$$\frac{\partial(\rho\phi)}{\partial t} + \operatorname{div}(\rho\phi\mathbf{u}) = \rho\frac{D\phi}{Dt}$$

Rate of increase of ϕ of fluid element	+	Net rate of flow of ϕ out of fluid element	=	Rate of increase of ϕ for a fluid particle

2.1 Governing Equations of Fluid Flow and Heat Transfer

- 2.1.2 Rates of change following a fluid particle and for a fluid element
  - Relevant entries of ϕ for momentum and energy equations

x-momentum	u	$\rho\frac{Du}{Dt}$	$\frac{\partial(\rho u)}{\partial t} + \operatorname{div}(\rho u\mathbf{u})$
y-momentum	v	$\rho\frac{Dv}{Dt}$	$\frac{\partial(\rho v)}{\partial t} + \operatorname{div}(\rho v\mathbf{u})$
z-momentum	w	$\rho\frac{Dw}{Dt}$	$\frac{\partial(\rho w)}{\partial t} + \operatorname{div}(\rho w\mathbf{u})$
energy	E	$\rho\frac{DE}{Dt}$	$\frac{\partial(\rho E)}{\partial t} + \operatorname{div}(\rho E\mathbf{u})$

2.1 Governing Equations of Fluid Flow and Heat Transfer

- 2.1.3 Momentum equation in three dimensions
  - Newton's second law

Rate of increase of momentum of fluid particle	=	Sum of forces on fluid particle

$$\rho\frac{Du}{Dt} \qquad \rho\frac{Dv}{Dt} \qquad \rho\frac{Dw}{Dt}$$

Surface forces
- Pressure force (p)
- Viscous force (τ)

Body forces
- Centrifugal force
- Coriolis force
- Electromagnetic force
- Gravity force

Pressure = normal stress = p

Viscous stress = τ

τ_{ij} : stress component acts in the j-direction on a surface normal to i-direction

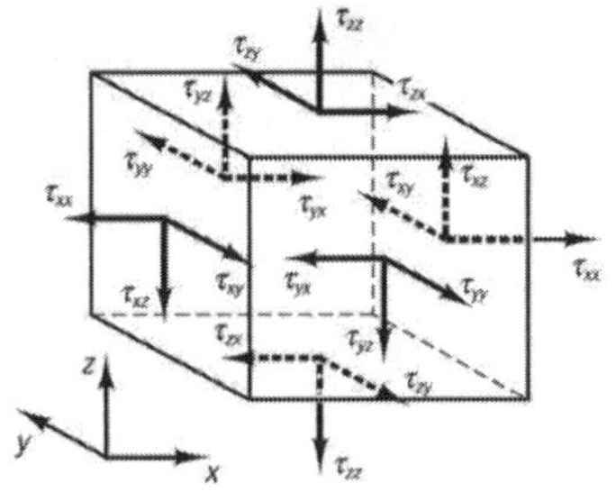

2.1 Governing Equations of Fluid Flow and Heat Transfer

- 2.1.3 Momentum equation in three dimensions
  - x-component of the forces due to pressure and viscous stress
    - On the pair of faces (E,W)

$$\left[\left(p-\frac{\partial p}{\partial x}\frac{1}{2}\delta x\right)-\left(\tau_{xx}-\frac{\partial \tau_{xx}}{\partial x}\frac{1}{2}\delta x\right)\right]\delta y\delta z+\left[-\left(p+\frac{\partial p}{\partial x}\frac{1}{2}\delta x\right)+\left(\tau_{xx}+\frac{\partial \tau_{xx}}{\partial x}\frac{1}{2}\delta x\right)\right]\delta y\delta z=\left(-\frac{\partial p}{\partial x}+\frac{\partial \tau_{xx}}{\partial x}\right)\delta x\delta y\delta z$$

    - On the pair of faces (N,S)

$$-\left(\tau_{yx}-\frac{\partial \tau_{yx}}{\partial y}\frac{1}{2}\delta y\right)\delta x\delta z+\left(\tau_{yx}+\frac{\partial \tau_{yx}}{\partial y}\frac{1}{2}\delta y\right)\delta x\delta z=\frac{\partial \tau_{yx}}{\partial y}\delta x\delta y\delta z$$

    - On the pair of faces (T,B)

$$-\left(\tau_{zx}-\frac{\partial \tau_{zx}}{\partial z}\frac{1}{2}\delta z\right)\delta x\delta y+\left(\tau_{zx}+\frac{\partial \tau_{zx}}{\partial z}\frac{1}{2}\delta z\right)\delta x\delta y=\frac{\partial \tau_{zx}}{\partial z}\delta x\delta y\delta z$$

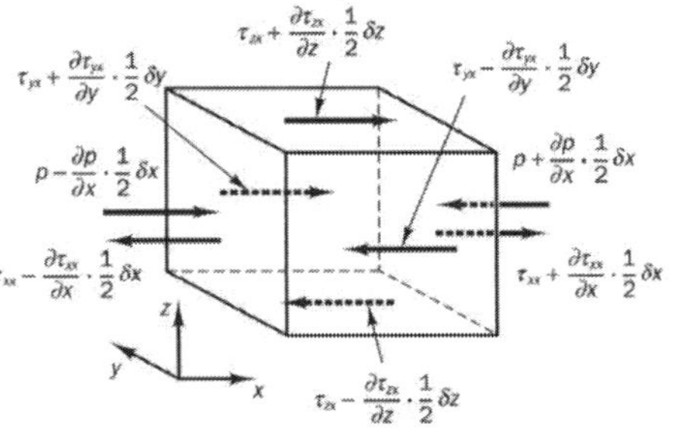

2.1 Governing Equations of Fluid Flow and Heat Transfer

- 2.1.3 Momentum equation inthree dimensions
  - x-component of the forces due to pressure and viscous stress
    - Total surface force per unit volume

$$\frac{\partial(-p+\tau_{xx})}{\partial x}+\frac{\partial\tau_{yx}}{\partial y}+\frac{\partial\tau_{zx}}{\partial z}$$

  - x-component of the momentumequation

Rate of increase of momentum of fluid particle	=	Sum of forces on fluid particle

$$\rho\frac{Du}{Dt}=\frac{\partial(-p+\tau_{xx})}{\partial x}+\frac{\partial\tau_{yx}}{\partial y}+\frac{\partial\tau_{zx}}{\partial z}+S_{Mx}$$

2.1 Governing Equations of Fluid Flow and Heat Transfer

- 2.1.3 Momentumequation in three dimensions

Rate of increase of momentum of fluid particle	=	Sum of forces on fluid particle

  - x-component of the momentumequation

$$\rho\frac{Du}{Dt}=\frac{\partial(-p+\tau_{xx})}{\partial x}+\frac{\partial\tau_{yx}}{\partial y}+\frac{\partial\tau_{zx}}{\partial z}+S_{Mx}$$

  - y-component of the momentumequation

$$\rho\frac{Dv}{Dt}=\frac{\partial\tau_{xy}}{\partial x}+\frac{\partial(-p+\tau_{yy})}{\partial y}+\frac{\partial\tau_{zy}}{\partial z}+S_{My}$$

  - z-component of the momentumequation

$$\rho\frac{Dw}{Dt}=\frac{\partial\tau_{xz}}{\partial x}+\frac{\partial\tau_{yz}}{\partial y}+\frac{\partial(-p+\tau_{zz})}{\partial z}+S_{Mz}$$

If body force in z-direction

$$S_{Mx}=0$$
$$S_{My}=0$$
$$S_{Mz}=-\rho g$$

2.1 Governing Equations of Fluid Flow and Heat Transfer

- 2.1.4 Energy equation in threedimensions
  - The first law ofthermodynamics

$\rho\frac{DE}{Dt}$ ←

Rate of increase of energy of fluid particle	=	Net rate of heat added to fluid particle	+	Net rate of work done on fluid particle

  - Rate of work done by surface forces

$$(F_{\text{surface forces}})(V)$$

  - In x-direction,

$$\frac{\partial(-p+\tau_{xx})}{\partial x}+\frac{\partial\tau_{yx}}{\partial y}+\frac{\partial\tau_{zx}}{\partial z} \longrightarrow \left[\frac{\partial(u(-p+\tau_{xx}))}{\partial x}+\frac{\partial(u\tau_{yx})}{\partial y}+\frac{\partial(u\tau_{zx})}{\partial z}\right]\delta x\delta y\delta z$$

  - In y andz-directions,

$$\left[\frac{\partial(v\tau_{xy})}{\partial x}+\frac{\partial(v(-p+\tau_{yy}))}{\partial y}+\frac{\partial(v\tau_{zy})}{\partial z}\right]\delta x\delta y\delta z \quad \left[\frac{\partial(w\tau_{xz})}{\partial x}+\frac{\partial(w\tau_{yz})}{\partial y}+\frac{\partial(w(-p+\tau_{zz}))}{\partial z}\right]\delta x\delta y\delta z$$

2.1 Governing Equations of Fluid Flow and Heat Transfer

- 2.1.4 Energy equation in threedimensions
  - Total rate of work done on the fluid particle by surface stresses

$$\left[\frac{\partial(u(-p+\tau_{xx}))}{\partial x}+\frac{\partial(u\tau_{yx})}{\partial y}+\frac{\partial(u\tau_{zx})}{\partial z}\right]\delta x\delta y\delta z$$

$$+\left[\frac{\partial(v\tau_{xy})}{\partial x}+\frac{\partial(v(-p+\tau_{yy}))}{\partial y}+\frac{\partial(v\tau_{zy})}{\partial z}\right]\delta x\delta y\delta z$$

$$-\frac{\partial(up)}{\partial x}-\frac{\partial(vp)}{\partial y}-\frac{\partial(wp)}{\partial z}=-\mathrm{div}(p\mathbf{u})$$

$$+\left[\frac{\partial(w\tau_{xz})}{\partial x}+\frac{\partial(w\tau_{yz})}{\partial y}+\frac{\partial(w(-p+\tau_{zz}))}{\partial z}\right]\delta x\delta y\delta z$$

$$[-\mathrm{div}(p\mathbf{u})]+\left[\frac{\partial(u\tau_{xx})}{\partial x}+\frac{\partial(u\tau_{yx})}{\partial y}+\frac{\partial(u\tau_{zx})}{\partial z}+\frac{\partial(v\tau_{xy})}{\partial x}+\frac{\partial(v\tau_{yy})}{\partial y}+\frac{\partial(v\tau_{zy})}{\partial z}+\frac{\partial(w\tau_{xz})}{\partial x}+\frac{\partial(w\tau_{yz})}{\partial y}+\frac{\partial(w\tau_{zz})}{\partial z}\right]$$

2.1 Governing Equations of Fluid Flow and Heat Transfer

- 2.1.4 Energy equation in threedimensions

Rate of increase of energy of fluid particle	=	Net rate of heat added to fluid particle	+	Net rate of work done on fluid particle

- Net rate of heat transfer to the fluid particle
  - In x-direction,

$$\left[\left(q_x - \frac{\partial q_x}{\partial x}\frac{1}{2}\delta x\right) - \left(q_x + \frac{\partial q_x}{\partial x}\frac{1}{2}\delta x\right)\right]\delta y\,\delta z = -\frac{\partial q_x}{\partial x}\,\delta x\,\delta y\,\delta z$$

  - In y and z-directions,

$$-\frac{\partial q_y}{\partial y}\delta x\,\delta y\,\delta z \qquad -\frac{\partial q_z}{\partial z}\delta x\,\delta y\,\delta z$$

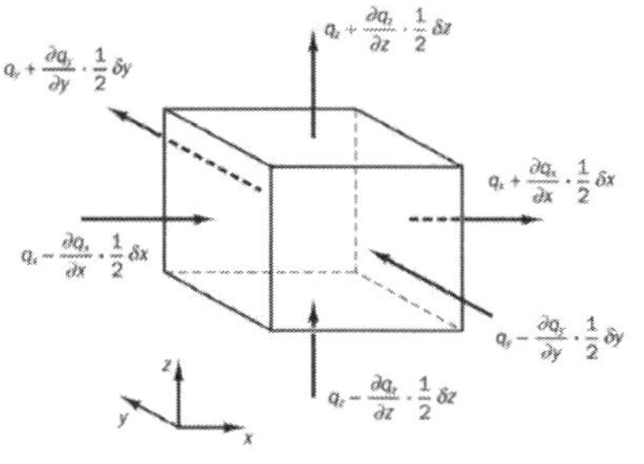

2.1 Governing Equations of Fluid Flow and Heat Transfer

- 2.1.4 Energy equation in threedimensions

Rate of increase of energy of fluid particle	=	Net rate of heat added to fluid particle	+	Net rate of work done on fluid particle

- Total rate of heat added to the fluid particle per unit volume

$$-\frac{\partial q_x}{\partial x} - \frac{\partial q_y}{\partial y} - \frac{\partial q_z}{\partial z} = -\text{div}\,\mathbf{q}$$

- Fourier's law of heat conduction

$$q_x = -k\frac{\partial T}{\partial x} \quad q_y = -k\frac{\partial T}{\partial y} \quad q_z = -k\frac{\partial T}{\partial z}$$

in vectorform → $\mathbf{q} = -k\ \text{grad}\ T$

$$\boxed{-\text{div}\,\mathbf{q} = \text{div}(k\ \text{grad}\ T)}$$

2.1 Governing Equations of Fluid Flow and Heat Transfer

- 2.1.4 Energy equation in threedimensions

Rate of increase of energy of fluid particle	=	Net rate of heat added to fluid particle	+	Net rate of work done on fluid particle

+ EnergySource

$$\rho\frac{DE}{Dt} \qquad \mathrm{div}(k\ \mathrm{grad}\ T) \qquad [-\mathrm{div}(p\mathbf{u})] + \left[\frac{\partial(u\tau_{xx})}{\partial x} + \frac{\partial(u\tau_{yx})}{\partial y} + \frac{\partial(u\tau_{zx})}{\partial z} + \frac{\partial(v\tau_{xy})}{\partial x} + \frac{\partial(v\tau_{yy})}{\partial y} + \frac{\partial(v\tau_{zy})}{\partial z} + \frac{\partial(w\tau_{xz})}{\partial x} + \frac{\partial(w\tau_{yz})}{\partial y} + \frac{\partial(w\tau_{zz})}{\partial z}\right]$$

- Energy equation
  - E: Sum of internal energy and kinetic energy $\quad E = i + \frac{1}{2}(u^2 + v^2 + w^2)$

$$\rho\frac{DE}{Dt} = -\mathrm{div}(p\mathbf{u}) + \left[\frac{\partial(u\tau_{xx})}{\partial x} + \frac{\partial(u\tau_{yx})}{\partial y} + \frac{\partial(u\tau_{zx})}{\partial z} + \frac{\partial(v\tau_{xy})}{\partial x} + \frac{\partial(v\tau_{yy})}{\partial y} + \frac{\partial(v\tau_{zy})}{\partial z} + \frac{\partial(w\tau_{xz})}{\partial x} + \frac{\partial(w\tau_{yz})}{\partial y} + \frac{\partial(w\tau_{zz})}{\partial z}\right] + \mathrm{div}(k\ \mathrm{grad}\ T) + S_E$$

2.1 Governing Equations of Fluid Flow and Heat Transfer

- 2.1.4 Energy equation in threedimensions

- Kinetic energy equation

$$\rho\frac{Du}{Dt} = \frac{\partial(-p+\tau_{xx})}{\partial x} + \frac{\partial\tau_{yx}}{\partial y} + \frac{\partial\tau_{zx}}{\partial z} + S_{Mx} \qquad \times u$$

$$\rho\frac{Dv}{Dt} = \frac{\partial\tau_{xy}}{\partial x} + \frac{\partial(-p+\tau_{yy})}{\partial y} + \frac{\partial\tau_{zy}}{\partial z} + S_{My} \qquad \times v$$

$$\rho\frac{Dw}{Dt} = \frac{\partial\tau_{xz}}{\partial x} + \frac{\partial\tau_{yz}}{\partial y} + \frac{\partial(-p+\tau_{zz})}{\partial z} + S_{Mz} \qquad \times w$$

$$\rho\frac{D[\frac{1}{2}(u^2+v^2+w^2)]}{Dt} = -\mathbf{u}\ .\ \mathrm{grad}\ p + u\left(\frac{\partial\tau_{xx}}{\partial x} + \frac{\partial\tau_{yx}}{\partial y} + \frac{\partial\tau_{zx}}{\partial z}\right) + v\left(\frac{\partial\tau_{xy}}{\partial x} + \frac{\partial\tau_{yy}}{\partial y} + \frac{\partial\tau_{zy}}{\partial z}\right) + w\left(\frac{\partial\tau_{xz}}{\partial x} + \frac{\partial\tau_{yz}}{\partial y} + \frac{\partial\tau_{zz}}{\partial z}\right) + \mathbf{u}\ .\ \mathbf{S}_M$$

2.1 Governing Equations of Fluid Flow and Heat Transfer

- 2.1.4 Energy equation in threedimensions
  - Totalenergy equation – kinetic energy equation

$$\rho\frac{DE}{Dt} = -\mathrm{div}(p\mathbf{u}) + \left[\frac{\partial(u\tau_{xx})}{\partial x} + \frac{\partial(u\tau_{yx})}{\partial y} + \frac{\partial(u\tau_{zx})}{\partial z} + \frac{\partial(v\tau_{xy})}{\partial x} + \frac{\partial(v\tau_{yy})}{\partial y} + \frac{\partial(v\tau_{zy})}{\partial z} + \frac{\partial(w\tau_{xz})}{\partial x} + \frac{\partial(w\tau_{yz})}{\partial y} + \frac{\partial(w\tau_{zz})}{\partial z}\right] + \mathrm{div}(k\ \mathrm{grad}\ T) + S_E$$

$$\rho\frac{D[\frac{1}{2}(u^2+v^2+w^2)]}{Dt} = -\mathbf{u}\ .\ \mathrm{grad}\ p + u\left(\frac{\partial\tau_{xx}}{\partial x} + \frac{\partial\tau_{yx}}{\partial y} + \frac{\partial\tau_{zx}}{\partial z}\right) + v\left(\frac{\partial\tau_{xy}}{\partial x} + \frac{\partial\tau_{yy}}{\partial y} + \frac{\partial\tau_{zy}}{\partial z}\right) + w\left(\frac{\partial\tau_{xz}}{\partial x} + \frac{\partial\tau_{yz}}{\partial y} + \frac{\partial\tau_{zz}}{\partial z}\right) + \mathbf{u}\ .\ \mathbf{S}_M$$

  - Internal energyequation

$$\rho\frac{Di}{Dt} = -p\ \mathrm{div}\ \mathbf{u} + \mathrm{div}(k\ \mathrm{grad}\ T) + \tau_{xx}\frac{\partial u}{\partial x} + \tau_{yx}\frac{\partial u}{\partial y} + \tau_{zx}\frac{\partial u}{\partial z} + \tau_{xy}\frac{\partial v}{\partial x} + \tau_{yy}\frac{\partial v}{\partial y} + \tau_{zy}\frac{\partial v}{\partial z} + \tau_{xz}\frac{\partial w}{\partial x} + \tau_{yz}\frac{\partial w}{\partial y} + \tau_{zz}\frac{\partial w}{\partial z} + S_i$$

2.1 Governing Equations of Fluid Flow and Heat Transfer

- 2.1.4 Energy equation in threedimensions
  - For the special case of an incompressible fluid, temperature equation

$$i = cT \qquad div\ \mathbf{u} = 0$$

$$\rho c\frac{DT}{Dt} = \mathrm{div}(k\ \mathrm{grad}\ T) + \tau_{xx}\frac{\partial u}{\partial x} + \tau_{yx}\frac{\partial u}{\partial y} + \tau_{zx}\frac{\partial u}{\partial z} + \tau_{xy}\frac{\partial v}{\partial x} + \tau_{yy}\frac{\partial v}{\partial y} + \tau_{zy}\frac{\partial v}{\partial z} + \tau_{xz}\frac{\partial w}{\partial x} + \tau_{yz}\frac{\partial w}{\partial y} + \tau_{zz}\frac{\partial w}{\partial z} + S_i$$

2.1 Governing Equations of Fluid Flow and Heat Transfer

- 2.1.4 Energy equation in threedimensions
  - Enthalpy equation

$$h = i + p/\rho \qquad h_0 = h + \tfrac{1}{2}(u^2 + v^2 + w^2)$$

- Totalenthalpy

$$h_0 = i + p/\rho + \tfrac{1}{2}(u^2 + v^2 + w^2) = E + p/\rho$$

- Total enthalpy equation

$$\rho\frac{DE}{Dt} = -\mathrm{div}(p\mathbf{u}) + \left[\frac{\partial(u\tau_{xx})}{\partial x} + \frac{\partial(u\tau_{yx})}{\partial y} + \frac{\partial(u\tau_{zx})}{\partial z} + \frac{\partial(v\tau_{xy})}{\partial x} + \frac{\partial(v\tau_{yy})}{\partial y} + \frac{\partial(v\tau_{zy})}{\partial z} + \frac{\partial(w\tau_{xz})}{\partial x} + \frac{\partial(w\tau_{yz})}{\partial y} + \frac{\partial(w\tau_{zz})}{\partial z}\right] + \mathrm{div}(k\ \mathrm{grad}\ T) + S_E$$

$$\frac{\partial(\rho h_0)}{\partial t} + \mathrm{div}(\rho h_0 \mathbf{u}) = \mathrm{div}(k\ \mathrm{grad}\ T) + \frac{\partial p}{\partial t} + \left[\frac{\partial(u\tau_{xx})}{\partial x} + \frac{\partial(u\tau_{yx})}{\partial y} + \frac{\partial(u\tau_{zx})}{\partial z} + \frac{\partial(v\tau_{xy})}{\partial x} + \frac{\partial(v\tau_{yy})}{\partial y} + \frac{\partial(v\tau_{zy})}{\partial z} + \frac{\partial(w\tau_{xz})}{\partial x} + \frac{\partial(w\tau_{yz})}{\partial y} + \frac{\partial(w\tau_{zz})}{\partial z}\right] + S_h$$

강 의 노 트

※ 1.

※ 2.

※ 3.

2.2 Equations of State

- Thermodynamic variables

  ρ, p, i and T

  - Assumption of thermodynamic equilibrium

- Equations of the state
  - Relate two state variables to the other variables
    $p = p(\rho, T)$ $i = i(\rho, T)$
  - For a perfect gas, $p = \rho RT$ and $i = C_v T$
- Compressible fluids
  - EOS provides the linkage between the energy equation and other governing equations.

- Incompressible fluids
  - No linkage between the energy equation and the others.
  - The flow field can be solved by considering mass and momentum equations.

강 의 노 트

※ 1.

※ 2.

※ 3.

2.3 Navier-Stokes Equations for a Newtonian Fluid

- Viscous stresses τ_{ij} in momentum and energyequations
  - Viscous stresses can be expressed as functions of the local deformation rate (or strain rate).
  - In 3D flows the local rate of deformation is composed of
    - the linear deformation rate
    - the volumetric deformation rate.
  - All gases and many liquids areisotropic.

- The rate of linear deformation of a fluid element
  - Nine components in 3D
  - Linear elongating deformation $s_{xx}=\frac{\partial u}{\partial x}\quad s_{yy}=\frac{\partial v}{\partial y}\quad s_{zz}=\frac{\partial w}{\partial z}$

  - Shearing linear deformation components

$$s_{xy}=s_{yx}=\frac{1}{2}\left(\frac{\partial u}{\partial y}+\frac{\partial v}{\partial x}\right)\quad s_{xz}=s_{zx}=\frac{1}{2}\left(\frac{\partial u}{\partial z}+\frac{\partial w}{\partial x}\right)\quad s_{yz}=s_{zy}=\frac{1}{2}\left(\frac{\partial v}{\partial z}+\frac{\partial w}{\partial y}\right)$$

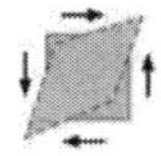

- The rate of volume deformation of a fluid element

$$\frac{\partial u}{\partial x}+\frac{\partial v}{\partial y}+\frac{\partial w}{\partial z}=\operatorname{div}\mathbf{u}$$

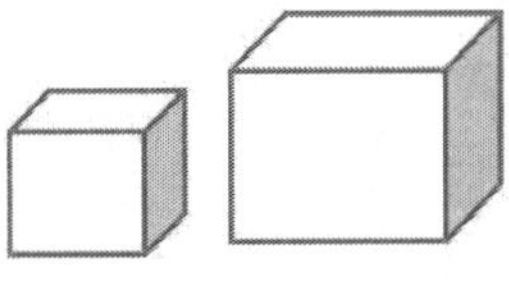

2.3 Navier-Stokes Equations for a Newtonian Fluid

- Viscous stresses τ_{ij} in momentum and energyequations

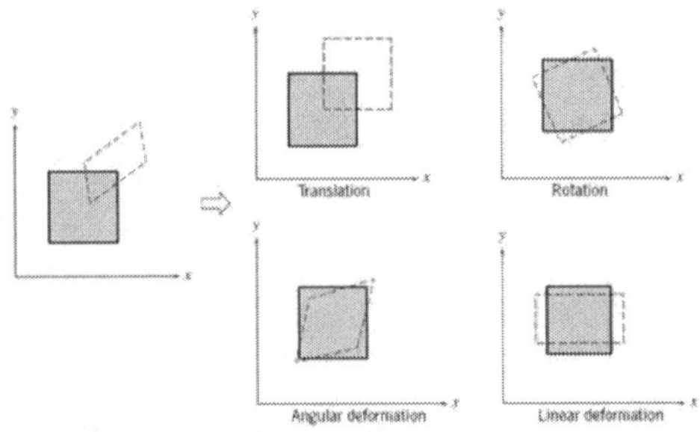

Fig. 5.5 Pictorial representation of the components of fluid motion.

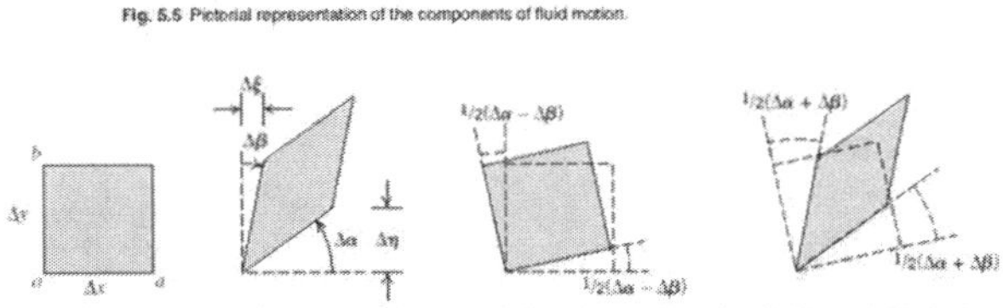

(a) Original particle (b) Particle after time Δt (c) Rotational component (d) Angular deformation component

Fig. 5.7 Rotation and angular deformation of perpendicular line segments in a two-dimensional flow.

Refer to the text of fluid dynamics

2.3 Navier-Stokes Equations for a Newtonian Fluid

- Newtonian fluid
  - Viscous stresses are proportional to the rates of deformation.
  - Two constants of proportionality
    - Dynamic viscosity (μ): to relate stresses to linear deformations
    - Second viscosity (λ): to relate stresses to volumetric deformation

- Viscous stress components

$$s_{xx}=\frac{\partial u}{\partial x}\quad s_{yy}=\frac{\partial v}{\partial y}\quad s_{zz}=\frac{\partial w}{\partial z}\qquad s_{xy}=s_{yx}=\frac{1}{2}\left(\frac{\partial u}{\partial y}+\frac{\partial v}{\partial x}\right)\qquad s_{xz}=s_{zx}=\frac{1}{2}\left(\frac{\partial u}{\partial z}+\frac{\partial w}{\partial x}\right)\qquad s_{yz}=s_{zy}=\frac{1}{2}\left(\frac{\partial v}{\partial z}+\frac{\partial w}{\partial y}\right)$$

$$\tau_{xx}=2\mu\frac{\partial u}{\partial x}+\lambda\ \mathrm{div}\ \mathbf{u}\qquad \tau_{yy}=2\mu\frac{\partial v}{\partial y}+\lambda\ \mathrm{div}\ \mathbf{u}\qquad \tau_{zz}=2\mu\frac{\partial w}{\partial z}+\lambda\ \mathrm{div}\ \mathbf{u}$$

$$\tau_{xy}=\tau_{yx}=\mu\left(\frac{\partial u}{\partial y}+\frac{\partial v}{\partial x}\right)\qquad \tau_{xz}=\tau_{zx}=\mu\left(\frac{\partial u}{\partial z}+\frac{\partial w}{\partial x}\right)\qquad \tau_{yz}=\tau_{zy}=\mu\left(\frac{\partial v}{\partial z}+\frac{\partial w}{\partial y}\right)$$

  - Second viscosity

    For gases: $\lambda=-\frac{2}{3}\mu$

    For liquid: $div\ \mathbf{u}=0$

2.3 Navier-Stokes Equations for a Newtonian Fluid

- Momentum equations

$$\rho\frac{Du}{Dt}=\frac{\partial(-p+\tau_{xx})}{\partial x}+\frac{\partial\tau_{yx}}{\partial y}+\frac{\partial\tau_{zx}}{\partial z}+S_{Mx}\qquad \tau_{xx}=2\mu\frac{\partial u}{\partial x}+\lambda\ \mathrm{div}\ \mathbf{u}\qquad \tau_{xy}=\tau_{yx}=\mu\left(\frac{\partial u}{\partial y}+\frac{\partial v}{\partial x}\right)\qquad \tau_{xz}=\tau_{zx}=\mu\left(\frac{\partial u}{\partial z}+\frac{\partial w}{\partial x}\right)$$

$$\rho\frac{Du}{Dt}=-\frac{\partial p}{\partial x}+\frac{\partial}{\partial x}\left[2\mu\frac{\partial u}{\partial x}+\lambda\ \mathrm{div}\ \mathbf{u}\right]+\frac{\partial}{\partial y}\left[\mu\left(\frac{\partial u}{\partial y}+\frac{\partial v}{\partial x}\right)\right]+\frac{\partial}{\partial z}\left[\mu\left(\frac{\partial u}{\partial z}+\frac{\partial w}{\partial x}\right)\right]+S_{Mx}$$

$$\rho\frac{Dv}{Dt}=-\frac{\partial p}{\partial y}+\frac{\partial}{\partial x}\left[\mu\left(\frac{\partial u}{\partial y}+\frac{\partial v}{\partial x}\right)\right]+\frac{\partial}{\partial y}\left[2\mu\frac{\partial v}{\partial y}+\lambda\ \mathrm{div}\ \mathbf{u}\right]+\frac{\partial}{\partial z}\left[\mu\left(\frac{\partial v}{\partial z}+\frac{\partial w}{\partial y}\right)\right]+S_{My}$$

$$\rho\frac{Dw}{Dt}=-\frac{\partial p}{\partial z}+\frac{\partial}{\partial x}\left[\mu\left(\frac{\partial u}{\partial z}+\frac{\partial w}{\partial x}\right)\right]+\frac{\partial}{\partial y}\left[\mu\left(\frac{\partial v}{\partial z}+\frac{\partial w}{\partial y}\right)\right]+\frac{\partial}{\partial z}\left[2\mu\frac{\partial w}{\partial z}+\lambda\ \mathrm{div}\ \mathbf{u}\right]+S_{Mz}$$

2.3 Navier-Stokes Equations for a Newtonian Fluid

- Rearrangement

$$\frac{\partial}{\partial x}\left[2\mu\frac{\partial u}{\partial x}+\lambda\,\text{div}\,\mathbf{u}\right]+\frac{\partial}{\partial y}\left[\mu\left(\frac{\partial u}{\partial y}+\frac{\partial v}{\partial x}\right)\right]+\frac{\partial}{\partial z}\left[\mu\left(\frac{\partial u}{\partial z}+\frac{\partial w}{\partial x}\right)\right]$$

$$=\frac{\partial}{\partial x}\left(\mu\frac{\partial u}{\partial x}\right)+\frac{\partial}{\partial y}\left(\mu\frac{\partial u}{\partial y}\right)+\frac{\partial}{\partial z}\left(\mu\frac{\partial u}{\partial z}\right)+\left[\frac{\partial}{\partial x}\left(\mu\frac{\partial u}{\partial x}\right)+\frac{\partial}{\partial y}\left(\mu\frac{\partial v}{\partial x}\right)+\frac{\partial}{\partial z}\left(\mu\frac{\partial w}{\partial x}\right)+\frac{\partial}{\partial x}(\lambda\,\text{div}\,\mathbf{u})\right]$$

$$=\text{div}(\mu\,\text{grad}\,u)+[s_{Mx}]$$

- N.-S. equations can be written as follows with modified source terms; $S_M = S_M + [s_M]$

$$\rho\frac{Du}{Dt}=-\frac{\partial p}{\partial x}+\text{div}(\mu\,\text{grad}\,u)+S_{Mx}$$

$$\rho\frac{Dv}{Dt}=-\frac{\partial p}{\partial y}+\text{div}(\mu\,\text{grad}\,v)+S_{My}$$

$$\rho\frac{Dw}{Dt}=-\frac{\partial p}{\partial z}+\text{div}(\mu\,\text{grad}\,w)+S_{Mz}$$

2.3 Navier-Stokes Equations for a Newtonian Fluid

- For incompressible fluids with constant μ

$$[s_{Mx}]=\left[\frac{\partial}{\partial x}\left(\mu\frac{\partial u}{\partial x}\right)+\frac{\partial}{\partial y}\left(\mu\frac{\partial v}{\partial x}\right)+\frac{\partial}{\partial z}\left(\mu\frac{\partial w}{\partial x}\right)+\frac{\partial}{\partial x}(\lambda\,\text{div}\,\mathbf{u})\right]$$

$$=\mu\left[\frac{\partial}{\partial x}\left(\frac{\partial u}{\partial x}\right)+\frac{\partial}{\partial y}\left(\frac{\partial v}{\partial x}\right)+\frac{\partial}{\partial z}\left(\frac{\partial w}{\partial x}\right)\right]=\mu\left[\frac{\partial}{\partial x}\left(\frac{\partial u}{\partial x}\right)+\frac{\partial}{\partial x}\left(\frac{\partial v}{\partial y}\right)+\frac{\partial}{\partial x}\left(\frac{\partial w}{\partial z}\right)\right]$$

$$=\mu\left[\frac{\partial}{\partial x}\left(\frac{\partial u}{\partial x}+\frac{\partial v}{\partial y}+\frac{\partial w}{\partial z}\right)\right]=0$$

2.3 Navier-Stokes Equations for a Newtonian Fluid

- Internal energy equation

$$\rho\frac{Di}{Dt} = -p\ \text{div}\ \mathbf{u} + \text{div}(k\ \text{grad}\ T) + \tau_{xx}\frac{\partial u}{\partial x} + \tau_{yx}\frac{\partial u}{\partial y} + \tau_{zx}\frac{\partial u}{\partial z}$$
$$+ \tau_{xy}\frac{\partial v}{\partial x} + \tau_{yy}\frac{\partial v}{\partial y} + \tau_{zy}\frac{\partial v}{\partial z}$$
$$+ \tau_{xz}\frac{\partial w}{\partial x} + \tau_{yz}\frac{\partial w}{\partial y} + \tau_{zz}\frac{\partial w}{\partial z} + S_i$$

$$\tau_{xx} = 2\mu\frac{\partial u}{\partial x} + \lambda\ \text{div}\ \mathbf{u} \quad \tau_{yy} = 2\mu\frac{\partial v}{\partial y} + \lambda\ \text{div}\ \mathbf{u} \quad \tau_{zz} = 2\mu\frac{\partial w}{\partial z} + \lambda\ \text{div}\ \mathbf{u}$$

$$\tau_{xy} = \tau_{yx} = \mu\left(\frac{\partial u}{\partial y} + \frac{\partial v}{\partial x}\right) \quad \tau_{xz} = \tau_{zx} = \mu\left(\frac{\partial u}{\partial z} + \frac{\partial w}{\partial x}\right) \quad \tau_{yz} = \tau_{zy} = \mu\left(\frac{\partial v}{\partial z} + \frac{\partial w}{\partial y}\right)$$

$$\rho\frac{Di}{Dt} = -p\ \text{div}\ \mathbf{u} + \text{div}(k\ \text{grad}\ T) + \Phi + S_i$$

- Dissipation function Φ
  - Always positive
  - Source of internal energy due to deformation work on the fluid particle.
  - Mechanical energy is converted into internal energy or heat.

$$\Phi = \mu\left\{2\left[\left(\frac{\partial u}{\partial x}\right)^2 + \left(\frac{\partial v}{\partial y}\right)^2 + \left(\frac{\partial w}{\partial z}\right)^2\right] + \left(\frac{\partial u}{\partial y} + \frac{\partial v}{\partial x}\right)^2 + \left(\frac{\partial u}{\partial z} + \frac{\partial w}{\partial x}\right)^2 + \left(\frac{\partial v}{\partial z} + \frac{\partial w}{\partial y}\right)^2\right\} + \lambda(\text{div}\ \mathbf{u})^2$$

강 의 노 트

※ 1.

※ 2.

※ 3.

2.4 Conservative form of the governing equations of fluid flow

Mass	$\frac{\partial \rho}{\partial t} + div(\rho \mathbf{u}) = 0$
x-momentum	$\frac{\partial(\rho u)}{\partial t} + div(\rho u \mathbf{u}) = -\frac{\partial p}{\partial x} + div(\mu \, grad \, u) + S_{Mx}$
y-momentum	$\frac{\partial(\rho v)}{\partial t} + div(\rho v \mathbf{u}) = -\frac{\partial p}{\partial y} + div(\mu \, grad \, v) + S_{My}$
z-momentum	$\frac{\partial(\rho w)}{\partial t} + div(\rho w \mathbf{u}) = -\frac{\partial p}{\partial z} + div(\mu \, grad \, w) + S_{Mz}$
Internal energy	$\frac{\partial(\rho i)}{\partial t} + div(\rho i \mathbf{u}) = -p \, div \, \mathbf{u} + div(k \, grad \, T) + \Phi + S_i$
Equation of state	u, v, w, p, i, ρ, T

This system is mathematically closed

강 의 노 트

※ 1.

※ 2.

※ 3.

2.5 Differential and integral forms of the general transport equations

- General form of fluid flow equations

$$\frac{\partial(\rho\phi)}{\partial t} + \mathrm{div}(\rho\phi\mathbf{u}) = \mathrm{div}(\Gamma\ \mathrm{grad}\ \phi) + S_\phi$$

Rate of increase of ϕ of fluid element	+ Net rate of flow of ϕ out of fluid element	= Rate of increase of ϕ due to diffusion	+ Rate of increase of ϕ due to sources
Unsteady term	Convection term	Diffusion term	Source term

  - By setting ϕ, Γ, S_ϕ,

$$\phi = 1, u, v, w, i$$
$$\Gamma = 0, \mu, k$$
$$S_\phi = 0, (S_{Mx} - \partial p/\partial x), \ldots,$$

2.5 Differential and integral forms of the general transport equations

- Starting point for computational procedures in FVM
  - Integration of the general form over a 3D control volume (CV)

$$\int_{CV} \frac{\partial(\rho\phi)}{\partial t}\mathrm{d}V + \int_{CV} \mathrm{div}(\rho\phi\mathbf{u})\mathrm{d}V = \int_{CV} \mathrm{div}(\Gamma\ \mathrm{grad}\ \phi)\mathrm{d}V + \int_{CV} S_\phi \mathrm{d}V$$

  - Gauss's divergence theorem
    - Volume integral ←→ surface integral

$$\int_{CV} \mathrm{div}(\mathbf{a})\mathrm{d}V = \int_{A} \mathbf{n}\ .\ \mathbf{a}\mathrm{d}A$$

    - **n-a**: component of vector **a** in the direction of the vector **n** normal to surface element *dA*

$$\frac{\partial}{\partial t}\left(\int_{CV} \rho\phi dV\right) + \int_{A} \mathbf{n}\,.\,(\rho\phi\mathbf{u})\mathrm{d}A = \int_{A} \mathbf{n}\ .\ (\Gamma\ \mathrm{grad}\ \phi)\mathrm{d}A + \int_{CV} S_\phi \mathrm{d}V$$

A special case of the Reynold' transport theorem

2.5 Differential and integral forms of the general transport equations

- Starting point for computational procedures in FVM

$$\frac{\partial}{\partial t}\left(\int_{CV} \rho\phi dV\right) + \int_A \mathbf{n}.(\rho\phi\mathbf{u})\mathrm{d}A = \int_A \mathbf{n}.(\Gamma\,\mathrm{grad}\,\phi)\mathrm{d}A + \int_{CV} S_\phi \mathrm{d}V$$

  - In time-dependent problems
    - Integrate with respect to time t over a small interval Δt

$$\int_{\Delta t}\frac{\partial}{\partial t}\left(\int_{CV} \rho\phi \mathrm{d}V\right)\mathrm{d}t + \int_{\Delta t}\int_A \mathbf{n}.(\rho\phi\mathbf{u})\mathrm{d}A\mathrm{d}t = \int_{\Delta t}\int_A \mathbf{n}.(\Gamma\,\mathrm{grad}\,\phi)\mathrm{d}A\mathrm{d}t + \int_{\Delta t}\int_{CV} S_\phi \mathrm{d}V\mathrm{d}t$$

강 의 노 트

※ 1.

※ 2.

※ 3.

2.6 Auxiliary conditions for viscous fluid flow equations

- Initial and boundary conditions for compressible viscous flow
  - Initial conditions for unsteadyflows
    - Everywhere in the solution region, ρ, $\mathbf{u}$ and T must be given at time t=0.
  - Boundary conditions
    - On solid Walls
      - No-slip condition: $\mathbf{u} = \mathbf{u}_w$
      - Fixed temperature $T = T_w$
      - Fixed heat flux $k \dfrac{\partial T}{\partial n} = -q_w$
    - On fluid boundaries
      - Inlet $\rho, \mathbf{u}$ and T
      - Outlet $-p + \mu \dfrac{\partial u_n}{\partial n} = F_n \qquad \mu \dfrac{\partial u_t}{\partial n} = F_t$
    - Outflow boundaries
      - Far from solid objects in an external flow
      - Commonly, no change in any of the velocity components in the direction across the boundary
      - Open boundary

$$-p = F_n \qquad 0 = F_t$$

2.6 Auxiliary conditions for viscous fluid flow equations

- Initial and boundary conditions for compressible viscous flow
  - Symmetry boundary condition

$$\partial\phi / \partial n = 0$$

  - Cyclic (periodic boundary condition)

$$\phi_1 = \phi_2$$

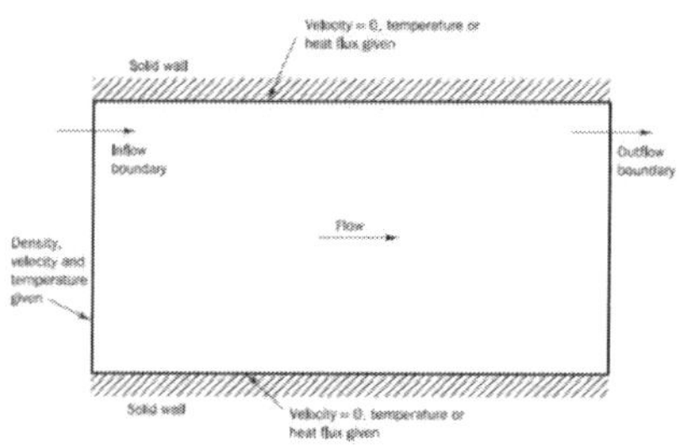

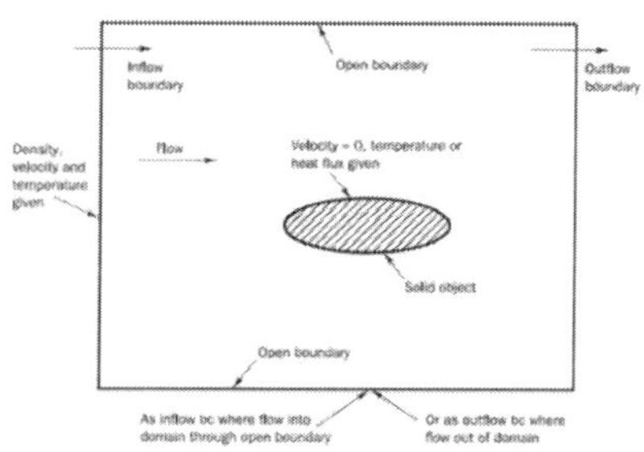

2.6 Auxiliary conditions for viscous fluid flow equations

- Initial and boundary conditions for compressible viscous flow
  - Symmetry boundary condition

    $\partial\phi / \partial n = 0$

  - Cyclic (periodic boundary condition)

    $\phi_1 = \phi_2$

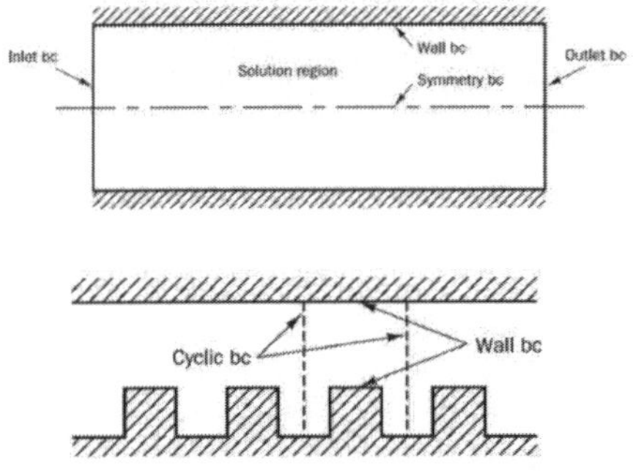

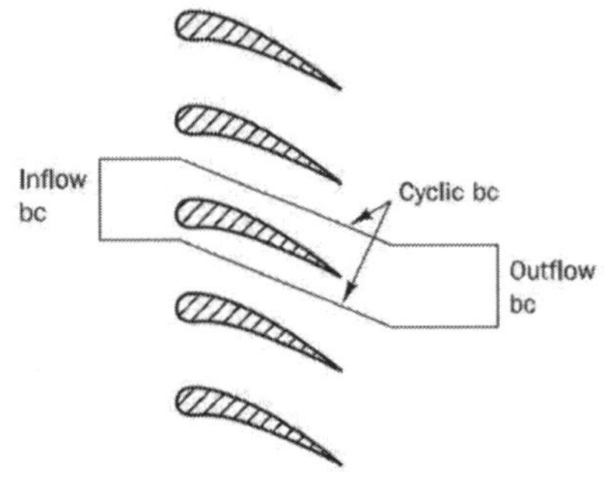

강 의 노 트

※ 1.

※ 2.

※ 3.

에듀컨텐츠·휴피아
ECH Educontents·Huepia

Chapter 03.

The Finite Volume Method for Diffusion Problems

Introduction

- General transport equation

$$\frac{\partial(\rho\phi)}{\partial t} + \operatorname{div}(\rho\phi\mathbf{u}) = \operatorname{div}(\Gamma \operatorname{grad} \phi) + S_\phi$$

  - Neglecting the transient and convection terms, diffusion equation

$$\operatorname{div}(\Gamma \operatorname{grad} \phi) + S_\phi = 0$$

- Integral form

$$\int_{CV} \operatorname{div}(\Gamma \operatorname{grad} \phi) dV + \int_{CV} S_\phi dV = \int_{A} \mathbf{n} \cdot (\Gamma \operatorname{grad} \phi) dA + \int_{CV} S_\phi dV = 0$$

- From this 1D steady state diffusion equation, the discretized eqs. are introduced.
- The method is extended to 2D and 3D diffusion problems.

강 의 노 트

※ 1.

※ 2.

※ 3.

FVM for 1D steady state diffusion

- 1D diffusion equation

$$\frac{d}{dx}\left(\Gamma\frac{d\phi}{dx}\right) + S = 0$$

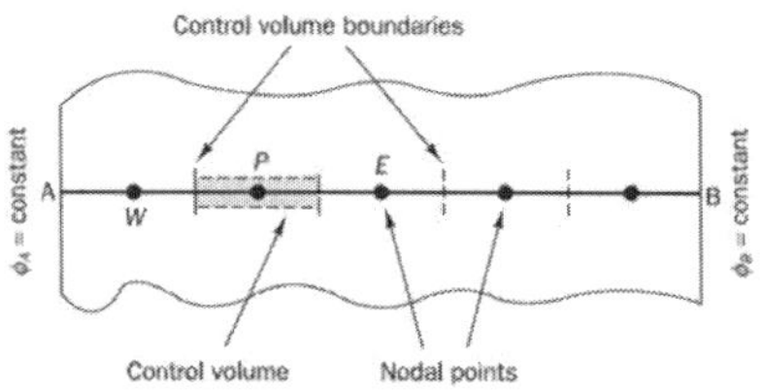

Control volume for FVM

- Step 1: grid generation

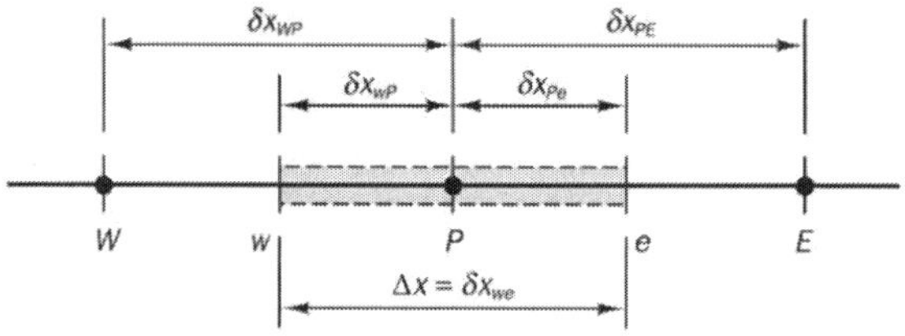

Usual convention of CFD methods

FVM for 1D steady state diffusion

- Step 2: discretization

$$\int_{\Delta V}\frac{d}{dx}\left(\Gamma\frac{d\phi}{dx}\right)dV + \int_{\Delta V} S dV = \int_A \mathbf{n}\cdot\left(\Gamma\frac{d\phi}{dx}\right)dA + \int_{\Delta V} S dV = \left(\Gamma A\frac{d\phi}{dx}\right)_e - \left(\Gamma A\frac{d\phi}{dx}\right)_w + \bar{S}\Delta V = 0$$

$$\int_A \mathbf{n}\cdot\left(\Gamma\frac{d\phi}{dx}\right)dA = \sum_f\left[n_x\cdot\left(\Gamma\frac{d\phi}{dx}\right)\cdot A\right]_f = \left[\left(\Gamma\frac{d\phi}{dx}\right)\cdot A\right]_e - \left[\left(\Gamma\frac{d\phi}{dx}\right)\cdot A\right]_w$$

$$\int_S f dS = \sum_k f_k S_k \qquad (n_x)_e = 1,\ (n_x)_w = -1$$

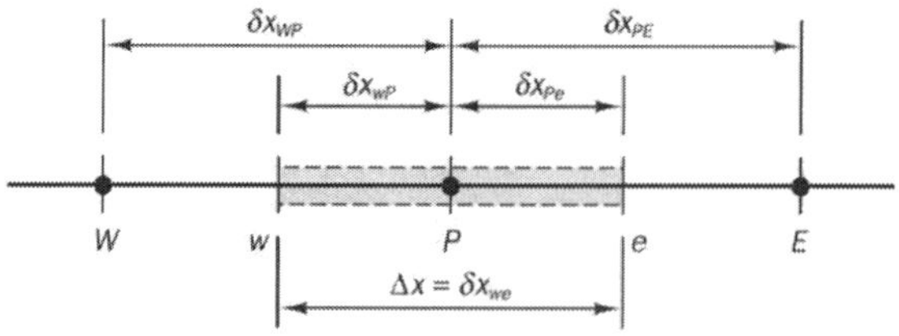

FVM for 1D steady state diffusion

- Step 2: discretization

$$\left(\Gamma A\frac{d\phi}{dx}\right)_e-\left(\Gamma A\frac{d\phi}{dx}\right)_w+\bar{S}\Delta V=0 \qquad \frac{d\phi}{dx}\ ? \qquad (\Gamma)_e\ (\Gamma)_w\ ?$$

  - Taylor series approximations

$$\phi(x+\Delta x)=\phi(x)+\left(\frac{\partial\phi}{\partial x}\right)_x\Delta x+\left(\frac{\partial^2\phi}{\partial x^2}\right)_x\frac{\Delta x^2}{2}+\cdots$$

$$\left(\frac{d\phi}{dx}\right)\approx\frac{\phi(x+\Delta x)-\phi(x)}{\Delta x}$$

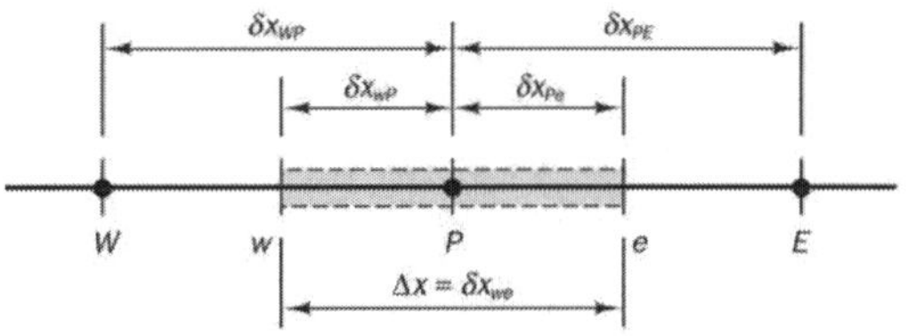

$$\left(\frac{d\phi}{dx}\right)_e=\left(\frac{\phi_E-\phi_P}{\delta x_{PE}}\right)$$

$$\left(\frac{d\phi}{dx}\right)_w=\left(\frac{\phi_P-\phi_W}{\delta x_{WP}}\right)$$

FVM for 1D steady state diffusion

- Step 2: discretization

$$\left(\Gamma A\frac{d\phi}{dx}\right)_e-\left(\Gamma A\frac{d\phi}{dx}\right)_w+\bar{S}\Delta V=0$$

  - Interface properties (for uniform grid)

$$\Gamma_w=\frac{\Gamma_W+\Gamma_P}{2} \qquad \Gamma_e=\frac{\Gamma_P+\Gamma_E}{2}$$

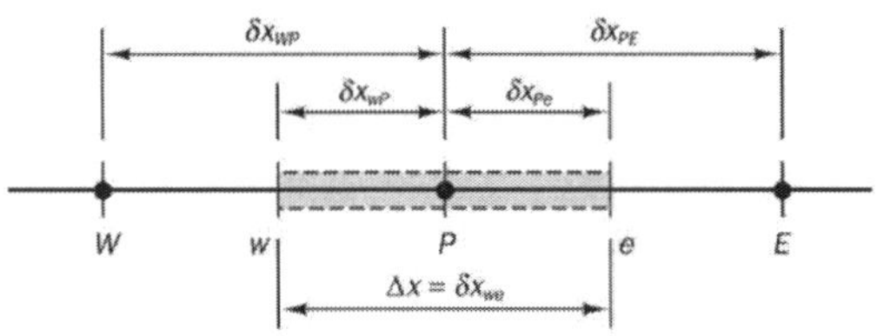

  - Interface properties (nonuniform grid)

$$\Gamma_w=\lambda_W\Gamma_W+(1-\lambda_W)\Gamma_P \qquad \Gamma_e=(1-\lambda_E)\Gamma_E+\lambda_E\Gamma_P$$

$$\lambda_W=\frac{\delta x_{wP}}{\delta x_{WP}} \qquad \lambda_E=\frac{\delta x_{PE}-\delta x_{Pe}}{\delta x_{PE}}$$

FVM for 1D steady state diffusion

- Step 2: discretization

$$\left(\Gamma A\frac{d\phi}{dx}\right)_e-\left(\Gamma A\frac{d\phi}{dx}\right)_w+\bar{S}\Delta V=0$$

$$\left(\Gamma A\frac{d\phi}{dx}\right)_e=\Gamma_e A_e\left(\frac{\phi_E-\phi_P}{\delta x_{PE}}\right)\qquad\left(\Gamma A\frac{d\phi}{dx}\right)_w=\Gamma_w A_w\left(\frac{\phi_P-\phi_W}{\delta x_{WP}}\right)\qquad\bar{S}\Delta V=S_u+S_p\phi_P$$

$$\Gamma_e A_e\left(\frac{\phi_E-\phi_P}{\delta x_{PE}}\right)-\Gamma_w A_w\left(\frac{\phi_P-\phi_W}{\delta x_{WP}}\right)+(S_u+S_p\phi_P)=0$$

$$\left(\frac{\Gamma_e}{\delta x_{PE}}A_e+\frac{\Gamma_w}{\delta x_{WP}}A_w-S_p\right)\phi_P=\left(\frac{\Gamma_w}{\delta x_{WP}}A_w\right)\phi_W+\left(\frac{\Gamma_e}{\delta x_{PE}}A_e\right)\phi_E+S_u$$

FVM for 1D steady state diffusion

- Step 2: discretization

$$\left(\frac{\Gamma_e}{\delta x_{PE}}A_e+\frac{\Gamma_w}{\delta x_{WP}}A_w-S_p\right)\phi_P=\left(\frac{\Gamma_w}{\delta x_{WP}}A_w\right)\phi_W+\left(\frac{\Gamma_e}{\delta x_{PE}}A_e\right)\phi_E+S_u$$

$$a_P\phi_P=a_W\phi_W+a_E\phi_E+S_u$$

a_W	a_E	a_P
$\frac{\Gamma_w}{\delta x_{WP}}A_w$	$\frac{\Gamma_e}{\delta x_{PE}}A_e$	$a_W+a_E-S_P$

FVM for 1D steady state diffusion

- Step 3: Solution of equations

$$a_P\phi_P = a_W\phi_W + a_E\phi_E + S_u$$

  - Set up the discretized equation at each of the nodal points
  - Modify the equation for the control volumes that are adjacent to the domain boundaries.
  - Derive the system of linear algebraic equations
  - Matrix solution techniques

강 의 노 트

※ 1.

※ 2.

※ 3.

Examples: 1D steady state diffusion

- 1D Heat conduction equation

$$\frac{\mathrm{d}}{\mathrm{d}x}\left(k\frac{\mathrm{d}T}{\mathrm{d}x}\right) + S = 0$$

- Example 4.1
  - Consider the problem of source-free heat conduction in an insulated rod
  - Whose ends are maintained at constant temperatures of 100 °C and 500 °C respectively.
  - Calculate the steady state temperature in the rod.
  - Thermal conductivity k = 1000 W/mK
  - Cross-sectional area A =10×10^{-3} m^2

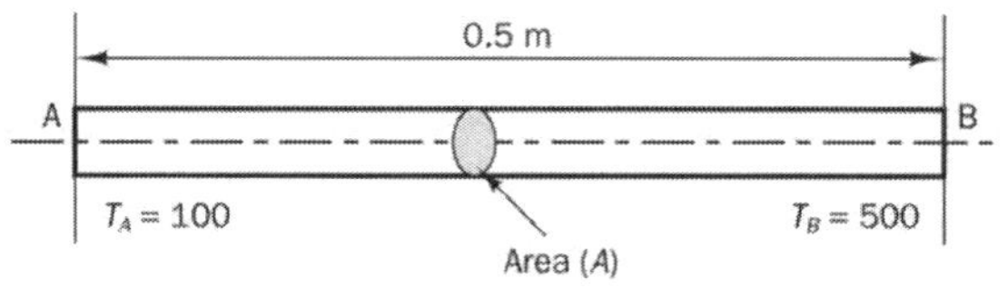

Examples: 1D steady state diffusion

$$\left(\frac{\Gamma_e}{\delta x_{PE}}A_e + \frac{\Gamma_w}{\delta x_{WP}}A_w - S_p\right)\phi_P = \left(\frac{\Gamma_w}{\delta x_{WP}}A_w\right)\phi_W + \left(\frac{\Gamma_e}{\delta x_{PE}}A_e\right)\phi_E + S_u$$

- Example 4.1
  - Five control volumes (cells)
    - Cell center nodes: 5
    - Cell faces: 6 (4 internal faces, 2 boundary faces)

$$\left(\frac{k_e}{\delta x_{PE}}A_e + \frac{k_w}{\delta x_{WP}}A_w\right)T_P = \left(\frac{k_w}{\delta x_{WP}}A_w\right)T_W + \left(\frac{k_e}{\delta x_{PE}}A_e\right)T_E$$

    - Constant thermal conductivity
    - Constant node spacing
    - Constant cross-sectional area
    - No source term

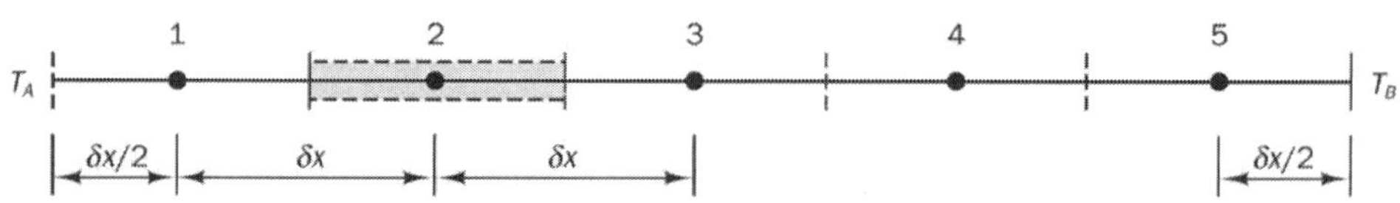

Examples: 1D steady state diffusion

- Example 4.1
  - Nodal points 2,3 and 4

$$\left(\frac{k_e}{\delta x_{PE}}A_e + \frac{k_w}{\delta x_{WP}}A_w\right)T_P = \left(\frac{k_w}{\delta x_{WP}}A_w\right)T_W + \left(\frac{k_e}{\delta x_{PE}}A_e\right)T_E$$

$$a_P T_P = a_W T_W + a_E T_E$$

a_W	a_E	a_P
$\frac{k}{\delta x}A$	$\frac{k}{\delta x}A$	$a_W + a_E$

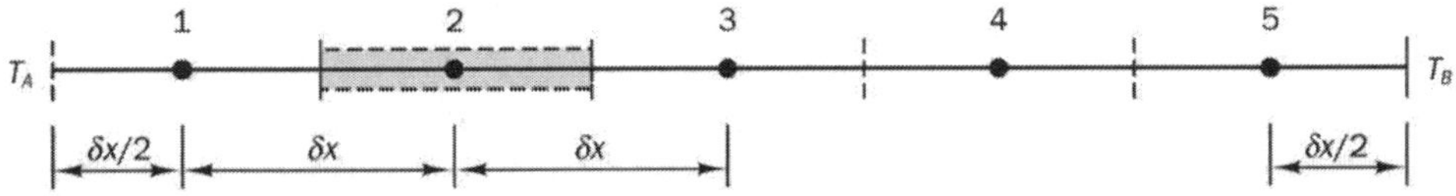

Examples: 1D steady state diffusion

- Example 4.1
  - For boundary 1

$$kA\left(\frac{T_E - T_P}{\delta x}\right) - kA\left(\frac{T_P - T_A}{\delta x/2}\right) = 0$$

$$\left(\frac{k}{\delta x}A + \frac{2k}{\delta x}A\right)T_P = 0\ .\ T_W + \left(\frac{k}{\delta x}A\right)T_E + \left(\frac{2k}{\delta x}A\right)T_A$$

$$a_P T_P = a_W T_W + a_E T_E + S_u$$

a_W	a_E	a_P
$\frac{\Gamma_w}{\delta x_{WP}}A_w$	$\frac{\Gamma_e}{\delta x_{PE}}A_e$	$a_W + a_E - S_P$

a_W	a_E	a_P	S_P	S_u
0	$\frac{kA}{\delta x}$	$a_W + a_E - S_p$	$-\frac{2kA}{\delta x}$	$\frac{2kA}{\delta x}T_A$

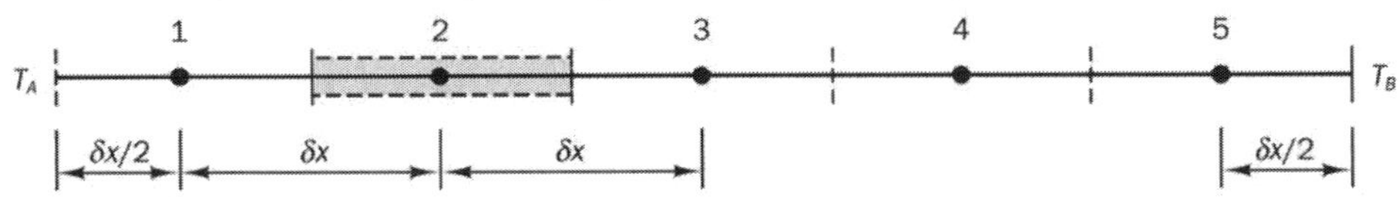

Examples: 1D steady state diffusion

- Example 4.1
  - For boundary 5

$$kA\left(\frac{T_B - T_P}{\delta x/2}\right) - kA\left(\frac{T_P - T_W}{\delta x}\right) = 0$$

$$\left(\frac{k}{\delta x}A + \frac{2k}{\delta x}A\right)T_P = \left(\frac{k}{\delta x}A\right)T_W + 0\,.\,T_E + \left(\frac{2k}{\delta x}A\right)T_B$$

$$a_P T_P = a_W T_W + a_E T_E + S_u$$

a_W	a_E	a_P
$\frac{\Gamma_w}{\delta x_{WP}}A_w$	$\frac{\Gamma_e}{\delta x_{PE}}A_e$	$a_W + a_E - S_P$

a_W	a_E	a_P	S_P	S_u
$\frac{kA}{\delta x}$	0	$a_W + a_E - S_p$	$-\frac{2kA}{\delta x}$	$\frac{2kA}{\delta x}T_B$

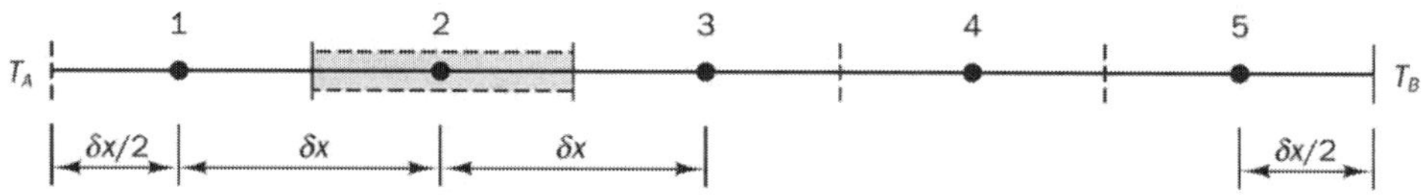

Examples: 1D steady state diffusion

- Example 4.1
  - Systems of algebraic equations
    - Constant thermal conductivity (1000)
    - Constant node spacing (0.1)
    - Constant cross-sectional area (10×10^{-3})

$$kA/\delta x = 100$$

For node 1 $\quad a_P T_P = a_W T_W + a_E T_E + S_u$

a_W	a_E	a_P	S_P	S_u
0	$\frac{kA}{\delta x}$	$a_W + a_E - S_p$	$-\frac{2kA}{\delta x}$	$\frac{2kA}{\delta x}T_A$

For node 2~4 $\quad a_P T_P = a_W T_W + a_E T_E$

a_W	a_E	a_P
$\frac{k}{\delta x}A$	$\frac{k}{\delta x}A$	$a_W + a_E$

For node 5 $\quad a_P T_P = a_W T_W + a_E T_E + S_u$

a_W	a_E	a_P	S_P	S_u
$\frac{kA}{\delta x}$	0	$a_W + a_E - S_p$	$-\frac{2kA}{\delta x}$	$\frac{2kA}{\delta x}T_B$

Examples: 1D steady state diffusion

- Example 4.1
  - Systems of algebraic equations

For node 1 $a_P T_P = a_W T_W + a_E T_E + S_u$ $300T_1 = 100T_2 + 200T_A$

For node 2~4 $a_P T_P = a_W T_W + a_E T_E$

$$200T_2 = 100T_1 + 100T_3$$
$$200T_3 = 100T_2 + 100T_4$$
$$200T_4 = 100T_3 + 100T_5$$

For node 5 $a_P T_P = a_W T_W + a_E T_E + S_u$ $300T_5 = 100T_4 + 200T_B$

Examples: 1D steady state diffusion

- Example 4.1
  - Systems of algebraic equations ⇒ matrixform

$$300T_1 = 100T_2 + 200T_A$$

$$200T_2 = 100T_1 + 100T_3$$
$$200T_3 = 100T_2 + 100T_4$$
$$200T_4 = 100T_3 + 100T_5$$

$$300T_5 = 100T_4 + 200T_B$$

Linear solver
- Gaussian elimination
- LU decomposition
- TDMA
- ILU
- CGM
- BICG
- BICGSTAB
- Etc.

$$\begin{bmatrix} 300 & -100 & 0 & 0 & 0 \\ -100 & 200 & -100 & 0 & 0 \\ 0 & -100 & 200 & -100 & 0 \\ 0 & 0 & -100 & 200 & -100 \\ 0 & 0 & 0 & -100 & 300 \end{bmatrix} \begin{bmatrix} T_1 \\ T_2 \\ T_3 \\ T_4 \\ T_5 \end{bmatrix} = \begin{bmatrix} 200T_A \\ 0 \\ 0 \\ 0 \\ 200T_B \end{bmatrix}$$

Examples: 1D steady state diffusion

- Example 4.1

$$T_A = 100$$

$$T_B = 500$$

$$\begin{bmatrix} T_1 \\ T_2 \\ T_3 \\ T_4 \\ T_5 \end{bmatrix} = \begin{bmatrix} 140 \\ 220 \\ 300 \\ 380 \\ 460 \end{bmatrix}$$

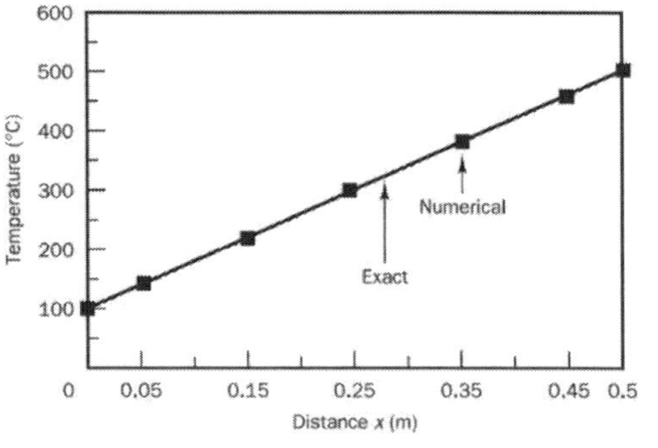

$$T = 800x + 100$$

Examples: 1D steady state diffusion

- Example 4.2
  - A problem that includes sources other than those arising from boundary conditions.
  - A large plate of thickness: L = 2 cm
  - Constant thermal conductivity: k = 0.5W/m.K
  - Uniform heat generation: q = 1000 kW/m^3
  - The faces A and B are at temperatures: 100°C and 200°C respectively.
  - 1D problem
    - Dimensions in y- and z- are so large.

$$\frac{d}{dx}\left(k\frac{dT}{dx}\right) + q = 0$$

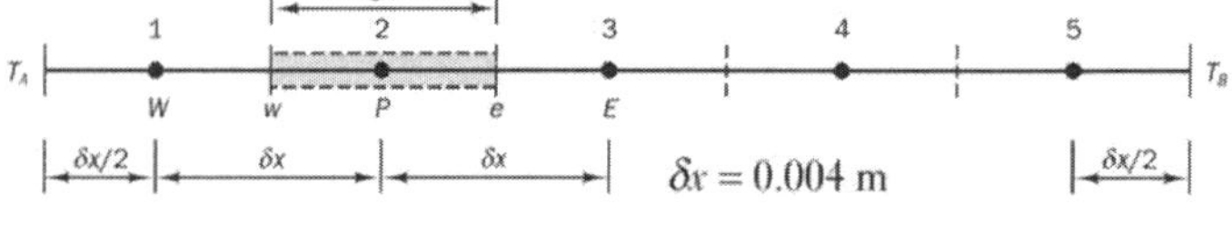

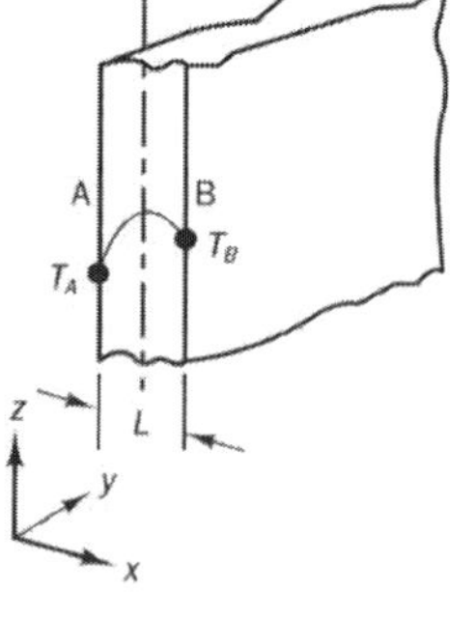

Examples: 1D steady state diffusion

- Example 4.2
  - Integral form and discretization

$$\int_{\Delta V}\frac{\mathrm{d}}{\mathrm{d}x}\left(k\frac{\mathrm{d}T}{\mathrm{d}x}\right)\mathrm{d}V+\int_{\Delta V}q\mathrm{d}V=0 \qquad \left[\left(kA\frac{\mathrm{d}T}{\mathrm{d}x}\right)_e-\left(kA\frac{\mathrm{d}T}{\mathrm{d}x}\right)_w\right]+q\Delta V=0$$

$$\left[k_eA\left(\frac{T_E-T_P}{\delta x}\right)-k_wA\left(\frac{T_P-T_W}{\delta x}\right)\right]+qA\delta x=0$$

$$\left(\frac{k_eA}{\delta x}+\frac{k_wA}{\delta x}\right)T_P=\left(\frac{k_wA}{\delta x}\right)T_W+\left(\frac{k_eA}{\delta x}\right)T_E+qA\delta x$$

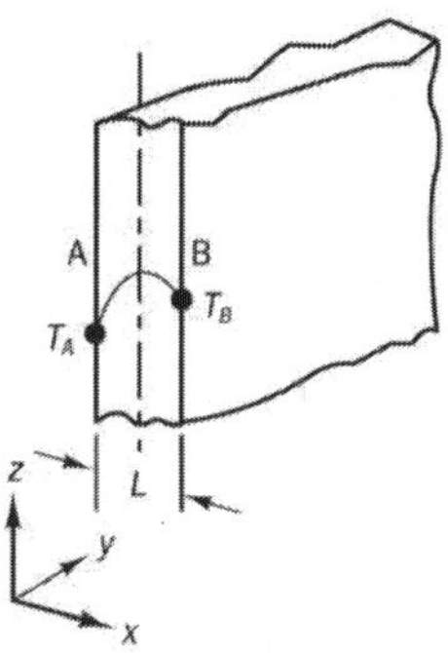

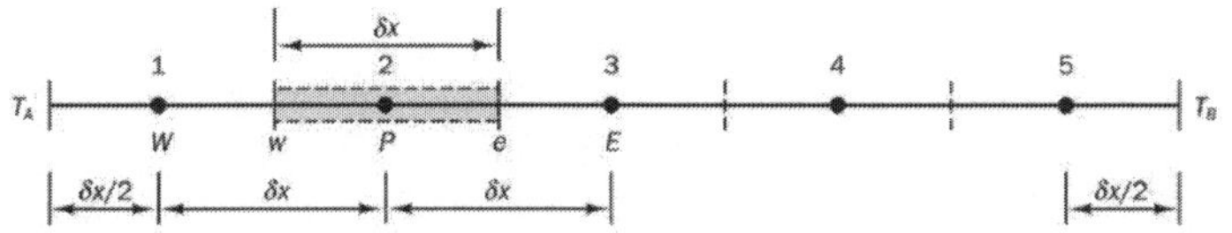

Examples: 1D steady state diffusion

- Example 4.2
  - General form

$$\left(\frac{k_eA}{\delta x}+\frac{k_wA}{\delta x}\right)T_P=\left(\frac{k_wA}{\delta x}\right)T_W+\left(\frac{k_eA}{\delta x}\right)T_E+qA\delta x$$

$$a_PT_P=a_WT_W+a_ET_E+S_u$$

a_W	a_E	a_P	S_P	S_u
$\frac{kA}{\delta x}$	$\frac{kA}{\delta x}$	$a_W+a_E-S_P$	0	$qA\delta x$

  - For boundaries

$$\left[k_eA\left(\frac{T_E-T_P}{\delta x}\right)-k_AA\left(\frac{T_P-T_A}{\delta x/2}\right)\right]+qA\delta x=0$$

$$\left[k_BA\left(\frac{T_B-T_P}{\delta x/2}\right)-k_wA\left(\frac{T_P-T_W}{\delta x}\right)\right]+qA\delta x=0$$

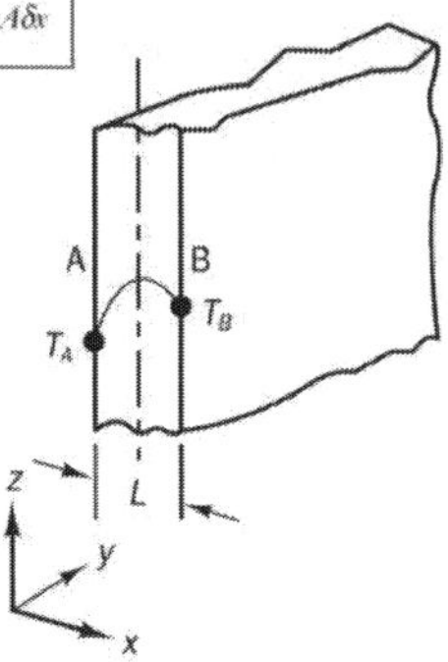

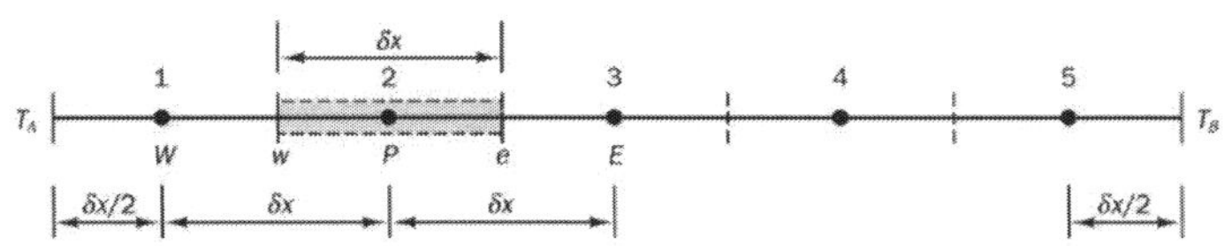

Examples: 1D steady state diffusion

- Example 4.2
  - For boundaries

$$\left[k_e A\left(\frac{T_E - T_P}{\delta x}\right) - k_A A\left(\frac{T_P - T_A}{\delta x/2}\right)\right] + qA\delta x = 0 \qquad \left[k_B A\left(\frac{T_B - T_P}{\delta x/2}\right) - k_w A\left(\frac{T_P - T_W}{\delta x}\right)\right] + qA\delta x = 0$$

$$a_P T_P = a_W T_W + a_E T_E + S_u$$

a_W	a_E	a_P	S_P	S_u
0	$\frac{kA}{\delta x}$	$a_W + a_E - S_P$	$-\frac{2kA}{\delta x}$	$qA\delta x + \frac{2kA}{\delta x}T_A$

a_W	a_E	a_P	S_P	S_u
$\frac{kA}{\delta x}$	0	$a_W + a_E - S_P$	$-\frac{2kA}{\delta x}$	$qA\delta x + \frac{2kA}{\delta x}T_B$

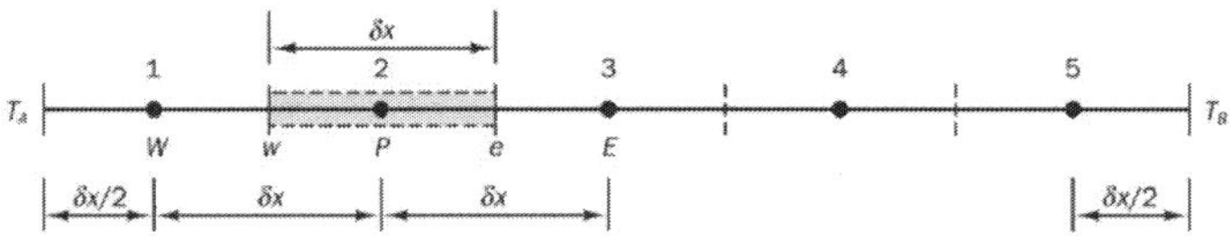

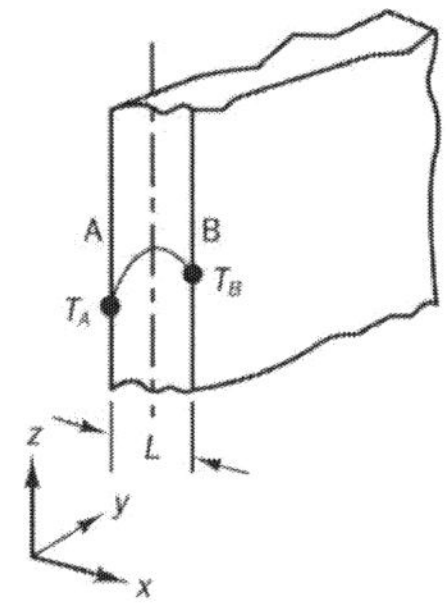

Examples: 1D steady state diffusion

- Example 4.2
  - Five discretized equations ⇒ matrix form

$$a_P T_P = a_W T_W + a_E T_E + S_u \qquad A = 1,\ k = 0.5\ \mathrm{W/m.K} \quad q = 1000\ \mathrm{kW/m^3}$$

$$T_A = 100^\circ C \quad T_B = 200^\circ C$$

$$\begin{bmatrix} 375 & -125 & 0 & 0 & 0 \\ -125 & 250 & -125 & 0 & 0 \\ 0 & -125 & 250 & -125 & 0 \\ 0 & 0 & -125 & 250 & -125 \\ 0 & 0 & 0 & -125 & 375 \end{bmatrix} \begin{bmatrix} T_1 \\ T_2 \\ T_3 \\ T_4 \\ T_5 \end{bmatrix} = \begin{bmatrix} 29000 \\ 4000 \\ 4000 \\ 4000 \\ 54000 \end{bmatrix}$$

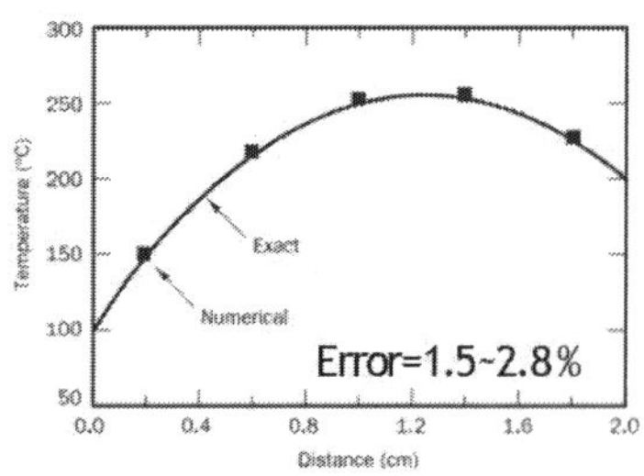

$$T = \left[\frac{T_B - T_A}{L} + \frac{q}{2k}(L - x)\right]x + T_A$$

Chapter 04.

The Finite Volume Method for Convection–Diffusion Problems

Introduction

- Steady-state convection-diffusion equation

$$\frac{\partial(\rho\phi)}{\partial t} + \mathrm{div}(\rho\phi\mathbf{u}) = \mathrm{div}(\Gamma\ \mathrm{grad}\ \phi) + S_\phi$$

$$\mathrm{div}(\rho\mathbf{u}\phi) = \mathrm{div}(\Gamma\ \mathrm{grad}\ \phi) + S_\phi$$

  - Integral type governing equatio

$$\int_A \mathbf{n}\,.\,(\rho\phi\mathbf{u})\mathrm{d}A = \int_A \mathbf{n}\,.\,(\Gamma\ \mathrm{grad}\ \phi)\mathrm{d}A + \int_{CV} S_\phi \mathrm{d}V$$

  - The main problem in the discretization of the convective terms is the calculation of ϕ at C V faces and its convective flux across these boundaries.
  - Diffusion process affects the distribution of ϕ in all directions.
  - Convection spreads influence only in the flow direction.
  - This sets a limit on the grid size for stable convection-diffusion calculations with central difference method.

강 의 노 트

※ 1.

※ 2.

※ 3.

Steady 1D convection and diffusion

- zero source term

$$\frac{d}{dx}(\rho u \phi) = \frac{d}{dx}\left(\Gamma \frac{d\phi}{dx}\right)$$

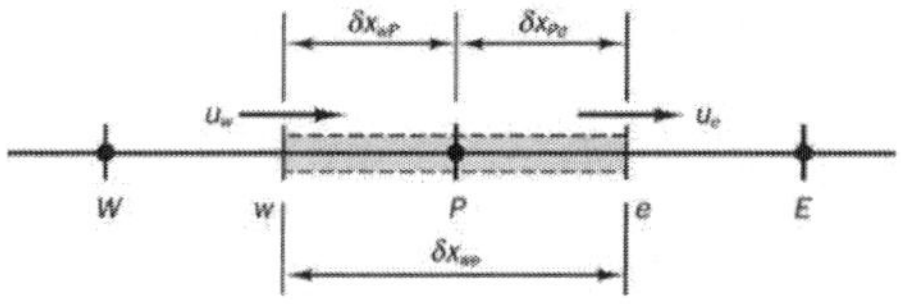

  - From the continuity

$$\frac{d(\rho u)}{dx} = 0$$

- Integration and discretization

$$\int_V \frac{d}{dx}(\rho\phi\mathbf{u})dV = \int_A \mathbf{n}\cdot(\rho\phi\mathbf{u})dA = \sum_f \rho\phi u_x (n_x A) = (\rho u A\phi)_e - (\rho u A \phi)_w$$

$$(\rho u A\phi)_e - (\rho u A\phi)_w = \left(\Gamma A \frac{d\phi}{dx}\right)_e - \left(\Gamma A \frac{d\phi}{dx}\right)_w \qquad (\rho u A)_e - (\rho u A)_w = 0$$

Steady 1D convection and diffusion

- Convective mass flux and diffusion conductance at cell faces

$$(\rho u A\phi)_e - (\rho u A\phi)_w = \left(\Gamma A \frac{d\phi}{dx}\right)_e - \left(\Gamma A \frac{d\phi}{dx}\right)_w \qquad (\rho u A)_e - (\rho u A)_w = 0$$

$$F = \rho u \qquad D = \frac{\Gamma}{\delta x}$$

$$F_w = (\rho u)_w \qquad F_e = (\rho u)_e \qquad D_w = \frac{\Gamma_w}{\delta x_{WP}} \qquad D_e = \frac{\Gamma_e}{\delta x_{PE}}$$

  - For 1D, equal cell face ar
    ea

$$F_e\phi_e - F_w\phi_w = D_e(\phi_E - \phi_P) - D_w(\phi_P - \phi_W)$$

$$F_e - F_w = 0$$

Assume that the velocity fiel
d is 'somehow known'

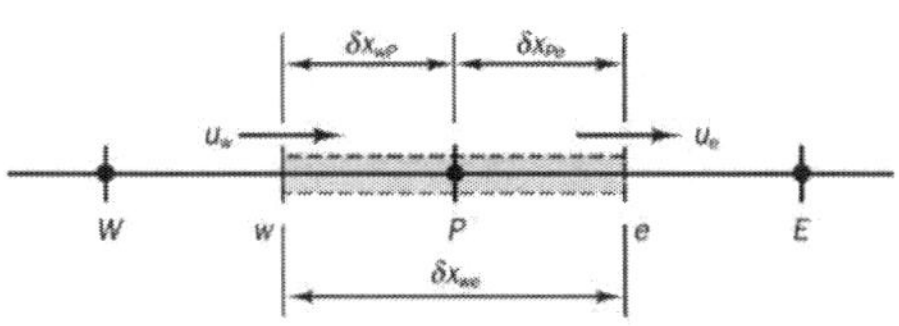

Central Difference Scheme

- Central difference scheme
  - Works well for diffusion term
    s
  - For convective terms

- For uniform grid,

$$\phi_e = (\phi_P + \phi_E)/2 \qquad \phi_w = (\phi_W + \phi_P)/2$$

$$F_e\phi_e - F_w\phi_w = D_e(\phi_E - \phi_P) - D_w(\phi_P - \phi_W)$$

$$\frac{F_e}{2}(\phi_P + \phi_E) - \frac{F_w}{2}(\phi_W + \phi_P) = D_e(\phi_E - \phi_P) - D_w(\phi_P - \phi_W)$$

$$\left[\left(D_w - \frac{F_w}{2}\right) + \left(D_e + \frac{F_e}{2}\right)\right]\phi_P = \left(D_w + \frac{F_w}{2}\right)\phi_W + \left(D_e - \frac{F_e}{2}\right)\phi_E$$

Central Difference Scheme

- For uniform grid,

$$\left[\left(D_w - \frac{F_w}{2}\right) + \left(D_e + \frac{F_e}{2}\right)\right]\phi_P = \left(D_w + \frac{F_w}{2}\right)\phi_W + \left(D_e - \frac{F_e}{2}\right)\phi_E$$

$$\left[\left(D_w + \frac{F_w}{2}\right) + \left(D_e - \frac{F_e}{2}\right) + (F_e - F_w)\right]\phi_P = \left(D_w + \frac{F_w}{2}\right)\phi_W + \left(D_e - \frac{F_e}{2}\right)\phi_E$$

$$a_P\phi_P = a_W\phi_W + a_E\phi_E$$

a_W	a_E	a_P
$D_w + \frac{F_w}{2}$	$D_e - \frac{F_e}{2}$	$a_W + a_E + (F_e - F_w)$

a_W	a_E	a_P
$\frac{\Gamma_w}{\delta x_{WP}}A_w$	$\frac{\Gamma_e}{\delta x_{PE}}A_e$	$a_W + a_E - S_P$

The same general form with the pure diffusion proble
m except the additional coefficients for convection

Central Difference Scheme

- Example 5.1
  - A property ϕ is transported by convection an d diffusion through the 1D domain
  - Using CDS, find the distribution of ϕ for
    - L=1, ρ= 1, Γ=0.1.
  - Case 1: u = 0.1 m/s (use 5 CV's)
  - Case 2: u = 2.5 m/s (use 5 CV's)
  - Case 3: u = 2.5 m/s (20 CV's)
  - Analytical solution for this problem,

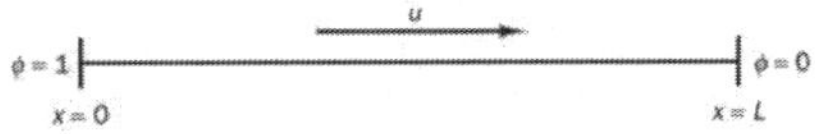

Problem description

$$\frac{\phi-\phi_0}{\phi_L-\phi_0}=\frac{\exp(\rho ux/\Gamma)-1}{\exp(\rho uL/\Gamma)-1}$$

$$\rho u\frac{d\phi}{dx}-\Gamma\frac{d^2\phi}{dx^2}=0 \qquad \phi''-\frac{\rho u}{\Gamma}\phi'=0 \qquad \phi(0)=\phi_0\ ,\ \phi(L)=\phi_L$$

Central Difference Scheme

- Example 5.
  1 $\delta x = 0.2$ m
  - Five cells:

$$\frac{F_e}{2}(\phi_P+\phi_E)-\frac{F_w}{2}(\phi_W+\phi_P)=D_e(\phi_E-\phi_P)-D_w(\phi_P-\phi_W)$$

$$F=\rho u,\ D=\Gamma/\delta x \qquad F_e=F_w=F \text{ and } D_e=D_w=D$$

- For cell 1

$$F_e\phi_e-F_w\phi_w=D_e(\phi_E-\phi_P)-D_w(\phi_P-\phi_W) \qquad \phi_w=\phi_A\ ,\ F_w=F_A=F$$

$$\frac{F_e}{2}(\phi_P+\phi_E)-F_A\phi_A=D_e(\phi_E-\phi_P)-D_A(\phi_P-\phi_A)$$

$$D_A=\frac{\Gamma}{0.5\delta x}=2\frac{\Gamma}{\delta x}=2D$$

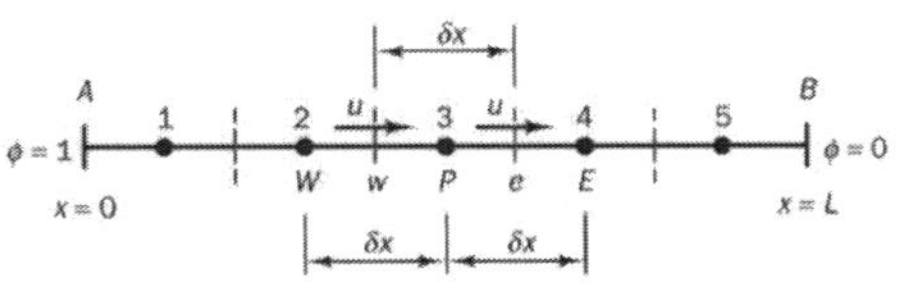

Central Difference Scheme

- Example 5.1
  - For cell 1

$$\frac{F_e}{2}(\phi_P + \phi_E) - F_A\phi_A = D_e(\phi_E - \phi_P) - D_A(\phi_P - \phi_A)$$

$$F_w = F_A = F$$

$$\left(\frac{F_e}{2} + D_e + D_A\right)\phi_P = \left(D_e - \frac{F_e}{2}\right)\phi_E + 0\cdot\phi_W + (D_A + F_A)\phi_A \qquad D_A = 2D$$

$$\left(\frac{F}{2} + 3D\right)\phi_P = \left(D - \frac{F}{2}\right)\phi_E + 0\cdot\phi_W + (2D + F)\phi_A$$

$$a_P\phi_P = a_W\phi_W + a_E\phi_E$$

$$a_P\phi_P = a_W\phi_W + a_E\phi_E + S_u$$

$$a_P = a_W + a_E + (F_e - F_w) - S_P$$

For internal cell

a_W	a_E	a_P
$D_w + \frac{F_w}{2}$	$D_e - \frac{F_e}{2}$	$a_W + a_E + (F_e - F_w)$

Central Difference Scheme

- Example 5.1
  - For cell 1

$$\left(\frac{F}{2} + 3D\right)\phi_P = \left(D - \frac{F}{2}\right)\phi_E + 0\cdot\phi_W + (2D + F)\phi_A$$

$$a_P\phi_P = a_W\phi_W + a_E\phi_E + S_u \qquad S_u = (2D + F)\phi_A$$

$$a_P = a_W + a_E + (F_e - F_w) - S_P \qquad S_P = -(2D + F)$$

Node	a_W	a_E	S_P	S_u
1	0	$D - F/2$	$-(2D + F)$	$(2D + F)\phi_A$
2, 3, 4	$D + F/2$	$D - F/2$	0	0
5	$D + F/2$	0	$-(2D - F)$	$(2D - F)\phi_B$

Central Difference Scheme

- Example 5.1
  - For cell 2~4

$$\frac{F_e}{2}(\phi_P + \phi_E) - \frac{F_w}{2}(\phi_W + \phi_P) = D_e(\phi_E - \phi_P) - D_w(\phi_P - \phi_W)$$

$$a_P\phi_P = a_W\phi_W + a_E\phi_E$$

For internal cell

a_W	a_E	a_P
$D_w + \frac{F_w}{2}$	$D_e - \frac{F_e}{2}$	$a_W + a_E + (F_e - F_w)$

Node	a_W	a_E	S_P	S_u
1	0	$D - F/2$	$-(2D + F)$	$(2D + F)\phi_A$
2, 3, 4	$D + F/2$	$D - F/2$	0	0
5	$D + F/2$	0	$-(2D - F)$	$(2D - F)\phi_B$

Central Difference Scheme

- Example 5.1
  - For cell 5

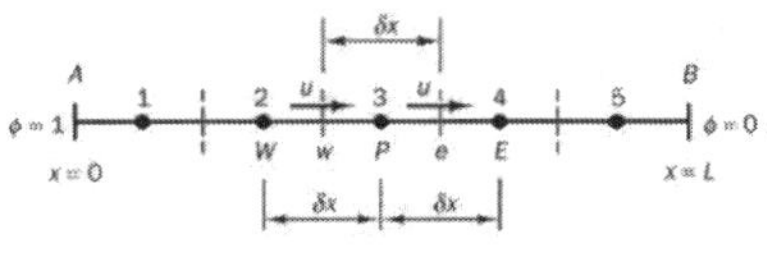

$$F_e\phi_e - F_w\phi_w = D_e(\phi_E - \phi_P) - D_w(\phi_P - \phi_W)$$

$$F_B\phi_B - \frac{F_w}{2}(\phi_P + \phi_W) = D_B(\phi_B - \phi_P) - D_w(\phi_P - \phi_W)$$

$$\left(-\frac{F}{2} + 3D\right)\phi_P = 0 \cdot \phi_E + \left(D + \frac{F}{2}\right)\phi_W + (2D - F)\phi_B$$

$$a_P\phi_P = a_W\phi_W + a_E\phi_E + S_u \qquad S_u = (2D - F)\phi_B$$

$$a_P = a_W + a_E + (F_e - F_w) - S_P \qquad S_P = -(2D - F)$$

Node	a_W	a_E	S_P	S_u
1	0	$D - F/2$	$-(2D + F)$	$(2D + F)\phi_A$
2, 3, 4	$D + F/2$	$D - F/2$	0	0
5	$D + F/2$	0	$-(2D - F)$	$(2D - F)\phi_B$

Central Difference Scheme

- Example 5.1
  - Case-1
    - Matrix form of the linear equations

$$u = 0.1 \text{ m/s} \qquad F = \rho u = 0.1 \qquad D = \Gamma / \delta x = 0.1/0.2 = 0.5$$

$$\phi_A = 1 \text{ and } \phi_B = 0$$

$$\begin{bmatrix} 1.55 & -0.45 & 0 & 0 & 0 \\ -0.55 & 1.0 & -0.45 & 0 & 0 \\ 0 & -0.55 & 1.0 & -0.45 & 0 \\ 0 & 0 & -0.55 & 1.0 & -0.45 \\ 0 & 0 & 0 & -0.55 & 1.45 \end{bmatrix} \begin{bmatrix} \phi_1 \\ \phi_2 \\ \phi_3 \\ \phi_4 \\ \phi_5 \end{bmatrix} = \begin{bmatrix} 1.1 \\ 0 \\ 0 \\ 0 \\ 0 \end{bmatrix} \qquad \begin{bmatrix} \phi_1 \\ \phi_2 \\ \phi_3 \\ \phi_4 \\ \phi_5 \end{bmatrix} = \begin{bmatrix} 0.9421 \\ 0.8006 \\ 0.6276 \\ 0.4163 \\ 0.1579 \end{bmatrix}$$

Central Difference Scheme

- Example 5.1
  - Case-1
    - Comparison with the analytical solutio
      n
    - Error max.: ~ 5 %

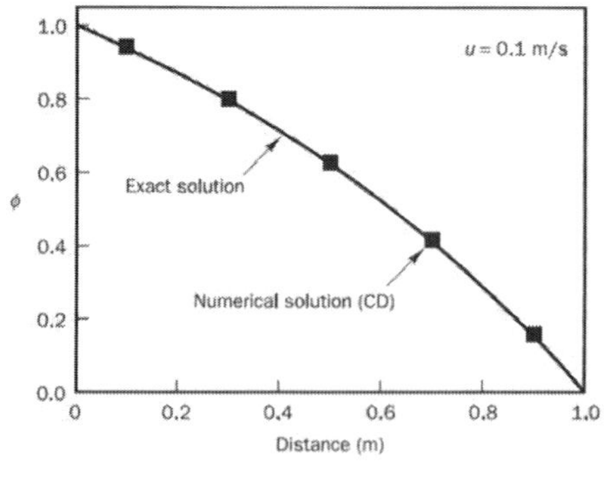

Central Difference Scheme

- Example 5.1
  - Case2
    - Matrix form of the linear equations

25 times faster flow than case1

$$u = 2.5 \text{ m/s} \qquad F = \rho u = 2.5 \qquad D = \Gamma / \delta x = 0.1/0.2 = 0.5$$

$$\phi_A = 1 \text{ and } \phi_B = 0$$

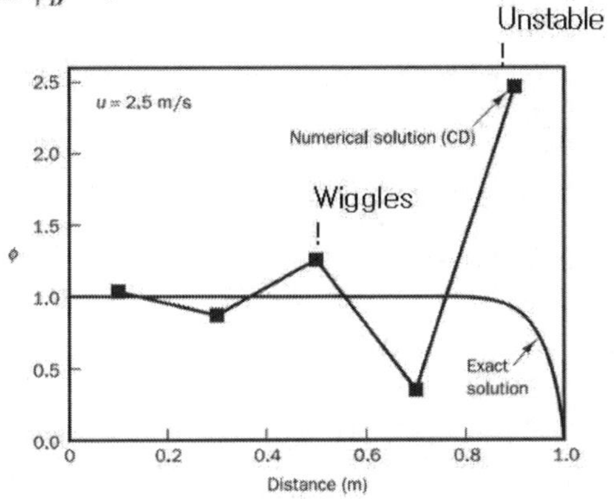

Central Difference Scheme

- Example 5.1
  - Case3
    - Matrix form of the linear equations

4 times more cells than case2

$$u = 2.5 \text{ m/s} \quad \delta x = 0.05, \ F = \rho u = 2.5 \quad D = \Gamma / \delta x = 0.1/0.05 = 2.0$$

$$\phi_A = 1 \text{ and } \phi_B = 0$$

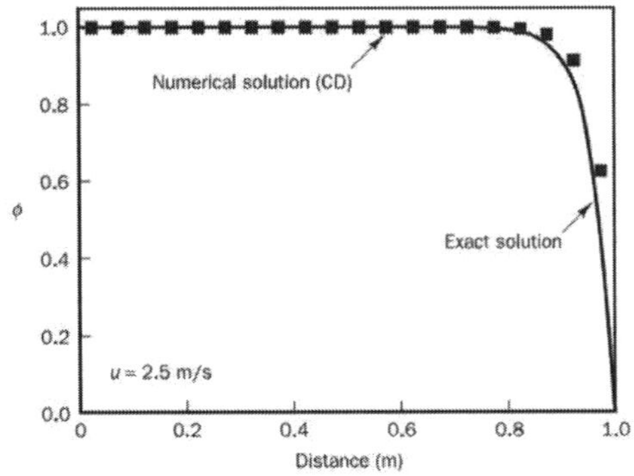

Central Difference Scheme

- Example 5.1
  - Discussion
    - Case-1, stable, $F = 0.1, D = 0.5, F/D = 0.2$
    - Case-2, unstable $F = 2.5, D = 0.5, F/D = 5$
    - Case-3, stable $F = 2.5, D = 2, F/D = 1.25$
  - CDS
    - Seems to yield accurate results when the F/D ratio is low!
    - Large F : highly convective
    - Small F : diffusive

강 의 노 트

※ 1.

※ 2.

※ 3.

Properties of discretizationschemes

- Limitation of the computational meshes
  - Numerical results may be obtained that are indistinguishable from the 'exact' solution of the transport equation when the number of computational cells is infinitely large, irrespe ctive of the differencing method used.
  - However, in practical calculations we can only use a finite number of cells.
  - Our numerical results will only be physically realistic when the discretization scheme has certain fundamental properties.

    Conservativeness
    Boundedness
    Transportiveness

Properties of discretization schemes

- Conservativeness
  - To ensure conservation of ϕ for the whole solution domain
    - The flux of ϕ leaving a CV across a certain face must be equal to the flux of ϕ en tering the adjacent CV through the same face.
  - To achieve this
    - The flux through a common face must be represented in a consistent manner

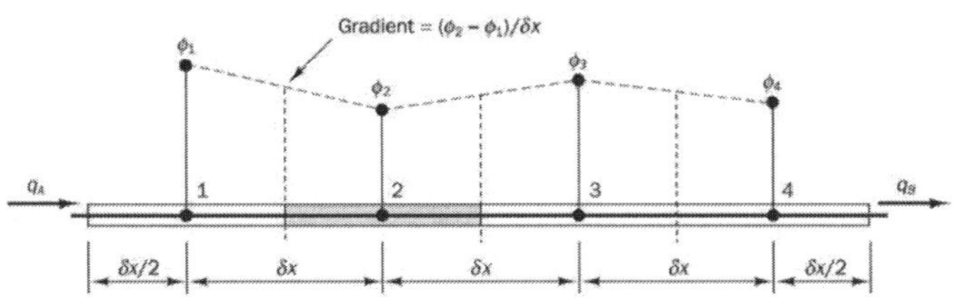

Properties of discretization schemes

- Conservativeness

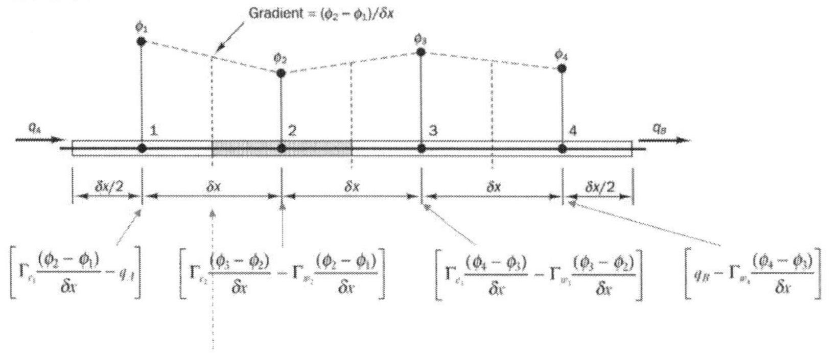

$$\Gamma_{e_1}\frac{(\phi_2-\phi_1)}{\delta x} \quad \Gamma_{w_2}\frac{(\phi_2-\phi_1)}{\delta x}$$

Properties of discretization schemes

- Conservativeness
  - Inconsistent use of a quadratic interpolation formu la
    - East face of CV2:CVs 1,2,3
    - West face of CV3:CVs 2,3,4
  - Overall conservation is not satisfied.

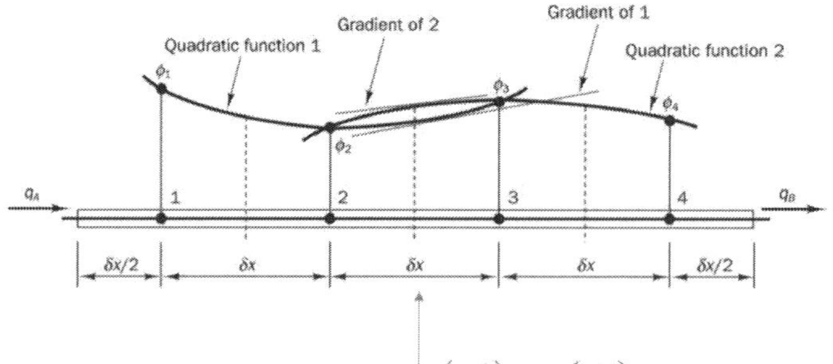

$$\left(\frac{d\phi}{dx}\right)_{e,2} \neq \left(\frac{d\phi}{dx}\right)_{w,3}$$

Properties of discretization schemes

- Boundedeness
  - Sufficient condition for a convergent iterative method

$$\frac{\sum|a_{nb}|}{|a'_P|}\begin{cases}\le 1 \text{ at all nodes}\\ < 1 \text{ at one node at least}\end{cases}$$

$$a'_p = a_p - S_p = a_W + a_E + (F_e - F_w) - S_p$$

    - Diagonally dominant

  - For diagonal dominance, $S_p < 0$
    - Diagonal dominance is a desirable feature for satisfying the boundedness criterion.
    - All coefficients of the discretized equations should have the same sign.
      - Usually positive
      - Increase in the variable ϕ at one should result in an increase in ϕ at neighboring c ells

Node	a_W	a_E	S_P	S_u
1	0	$D - F/2$	$-(2D + F)$	$(2D + F)\phi_A$
2, 3, 4	$D + F/2$	$D - F/2$	0	0
5	$D + F/2$	0	$-(2D - F)$	$(2D - F)\phi_B$

Properties of discretization schemes

- Transportiveness
  - The transportiveness property of a fluid flow
    - can be illustrated by considering two constant s ources of ϕ at point W and E

$$Pe = \frac{F}{D} = \frac{\rho u}{\Gamma / \delta x}$$

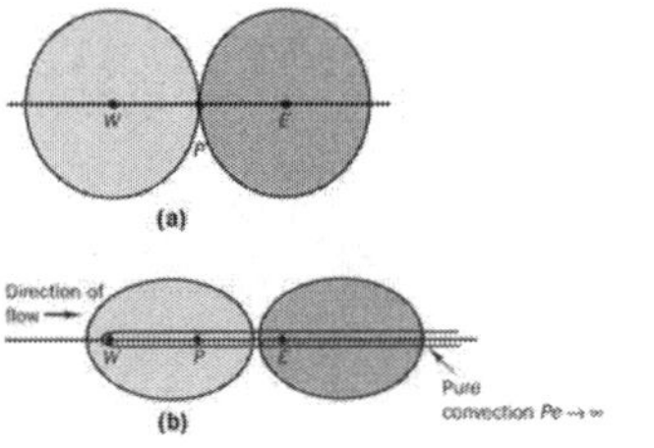

  - Two extreme cases
    - No convection and pure diffusion ($Pe \rightarrow 0$)
    - No diffusion and pure convection ($Pe \rightarrow \infty$)
      - All of property ϕ emanating from the sources at *W* and *E* is immediately transported downstream.
      - Thus, conditions at *P* are now unaffected by the downstream source at *E* and completely dictated by the upstream source at *W*.
      - No diffusion,
        - $\phi_P = \phi_W$

Assessment of CFS for C-D Problems

- Conservativeness
  - Consistent evaluation of cell faces $\Rightarrow$ conservative
- Boundedness
  - Internal coefficients
    - Satisfied?
  - Sign of the coefficients

a_W	a_E	a_P
$D_w + \frac{F_w}{2}$	$D_e - \frac{F_e}{2}$	$a_W + a_E + (F_e - F_w)$

$$\frac{\sum |a_{nb}|}{|a'_P|} \begin{cases} \le 1 \text{ at all nodes} \\ < 1 \text{ at one node at least} \end{cases} \qquad Pe = \frac{F}{D} = \frac{\rho u}{\Gamma / \delta x}$$

$$D_e - \frac{F_e}{2} > 0$$

$$\frac{F_e}{D_e} = Pe_e < 2$$

- Otherwise, the requirements for boundedness will be violated and this may lead to physically impossible solutions.
- Case-1, stable, $F = 0.1, D = 0.5, F/D = 0.2$
- Case-2, unstable $F = 2.5, D = 0.5, F/D = 5$
- Case-3, stable $F = 2.5, D = 2, F/D = 1.25$

강 의 노 트

※ 1.

※ 2.

※ 3.

The hybrid differencingscheme

- Hybrid differencing scheme (Spalding, 1972)
  - Combination of CDS and UDS
  - CDS: second order accurate → not transportive
  - UDS: first order accurate → transportive
- HDS uses
  - CDS for Pe < 2
  - UDS for Pe > 2

$$Pe_w = \frac{F_w}{D_w} = \frac{(\rho u)_w}{\Gamma_w / \delta x_{WP}}$$

$$F_e\phi_e - F_w\phi_w = D_e(\phi_E - \phi_P) - D_w(\phi_P - \phi_W)$$

The hybrid differencing scheme

- HDS uses
  - UDS for |Pe| > 2

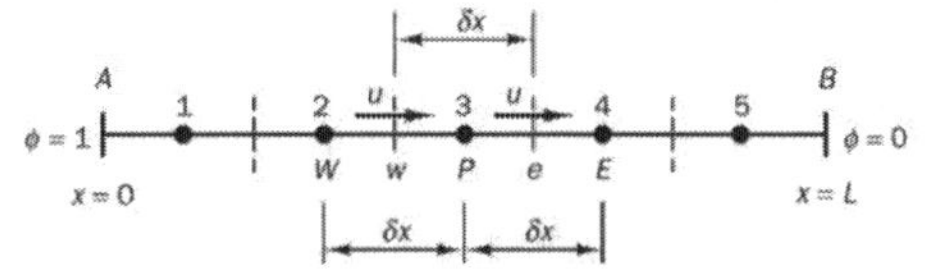

for $Pe_w \geq 2$ $\qquad q_w = F_w\phi_W$

for $Pe_w \leq -2$ $\qquad q_w = F_w\phi_P$

$$Pe_w = \frac{F_w}{D_w} = \frac{(\rho u)_w}{\Gamma_w / \delta x_{WP}}$$

Diffusion term isignored!

  - CDS for |Pe| <2

Diffusion term is included!

$$q_w = F_w\left[\frac{1}{2}\left(1 + \frac{2}{Pe_w}\right)\phi_W + \frac{1}{2}\left(1 - \frac{2}{Pe_w}\right)\phi_P\right]$$

$$= \left[\frac{1}{2}F_w(\phi_W + \phi_P) + F_w\left(\frac{\phi_W}{Pe_w} - \frac{\phi_P}{Pe_w}\right)\right] = \frac{1}{2}F_w(\phi_W + \phi_P) + D_w(\phi_W - \phi_P)$$

The hybrid differencing scheme

- General form

$$a_P\phi_P = a_W\phi_W + a_E\phi_E \qquad a_P = a_W + a_E + (F_e - F_w)$$

CDS

a_W	a_E
$D_w + \frac{F_w}{2}$	$D_e - \frac{F_e}{2}$

UDS

a_W	a_E
$D_w + \max(F_w, 0)$	$D_e + \max(0, -F_e)$

$$\text{for } Pe_w \geq 2 \quad q_w = F_w\phi_W \qquad \text{for } Pe_w \leq -2 \quad q_w = F_w\phi_P$$

$$\text{for } -2 < Pe_w < 2 \quad q_w = \frac{1}{2}F_w(\phi_W + \phi_P) + D_w(\phi_W - \phi_P)$$

a_W	a_E
$\max\left[F_w, \left(D_w + \frac{F_w}{2}\right), 0\right]$	$\max\left[-F_e, \left(D_e - \frac{F_e}{2}\right), 0\right]$

The hybrid differencing scheme

- Example 5.3
  - Solve the problem considered in Case 2 of Example 5.1 using the hybrid scheme for u = 2.5 m/s. Compare a 5-node solution with a 25-node solution.

$$F = F_e = F_w = \rho u = 2.5 \qquad D = D_e = D_w = \Gamma/\delta x = 0.5 \qquad Pe_w = Pe_e = \rho u \delta x/\Gamma = 5$$

$$a_P\phi_P = a_W\phi_W + a_E\phi_E \qquad a_P = a_W + a_E + (F_e - F_w)$$

a_W	a_E
$\max\left[F_w, \left(D_w + \frac{F_w}{2}\right), 0\right]$	$\max\left[-F_e, \left(D_e - \frac{F_e}{2}\right), 0\right]$

a_W	a_E
F_w	0

- For boundary cells,

Diffusion term is included for boundaries!

$$F_e\phi_P - F_A\phi_A = 0 - D_A(\phi_P - \phi_A)$$

$$F_B\phi_P - F_w\phi_W = D_B(\phi_B - \phi_P) - 0$$

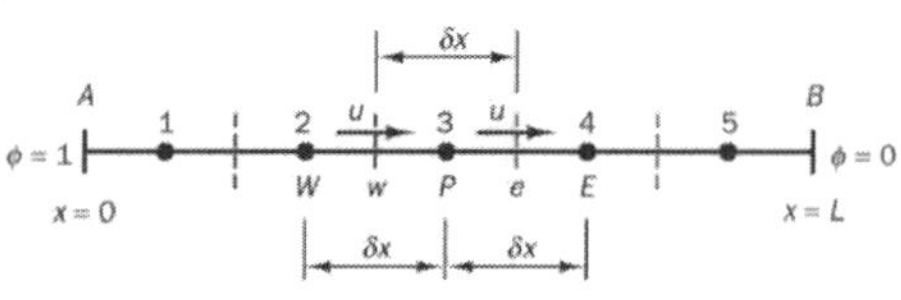

The hybrid differencing scheme

- Example 5.3
  - General form

$$a_P\phi_P = a_W\phi_W + a_E\phi_E + S_u \qquad a_P = a_W + a_E + (F_e - F_w) - S_P$$

Node	a_W	a_E	S_P	S_u
1	0	0	$-(2D+F)$	$(2D+F)\phi_A$
2,3,4	F	0	0	0
5	F	0	$-2D$	$2D\phi_B$

For internal cells

a_W	a_E
F_w	0

$$F_e\phi_P - F_A\phi_A = 0 - D_A(\phi_P - \phi_A)$$

$$F_B\phi_P - F_w\phi_W = D_B(\phi_B - \phi_P) - 0$$

The hybrid differencing scheme

- Example 5.3
  - Comparison with the analytical solutions
  - Assessment of HDS
    - HDS is fully conservative
    - Since the coefficients are always positive it is unconditionally bounded
    - Satisfies the transportiveness property
    - Highly stable compared with higher order scheme
    - Widely used in various CFD procedures and has proved to be very useful for predicting practical flows.
    - Only first order accurate

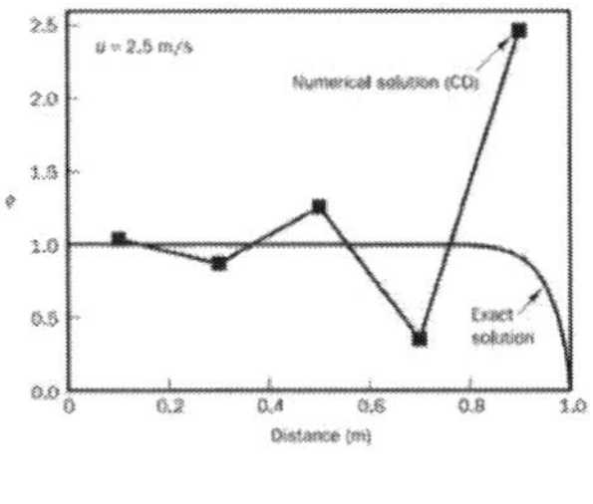

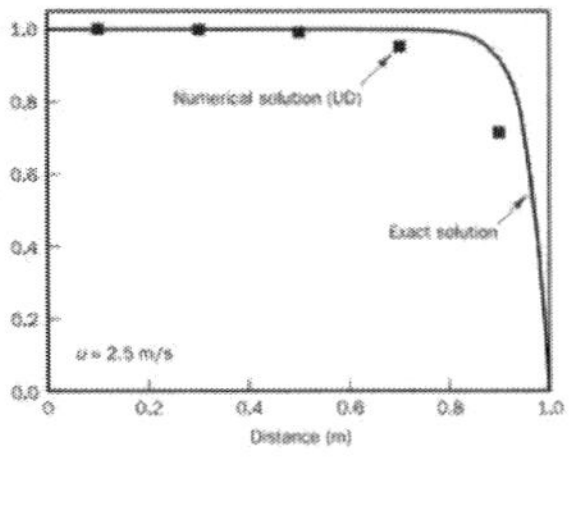

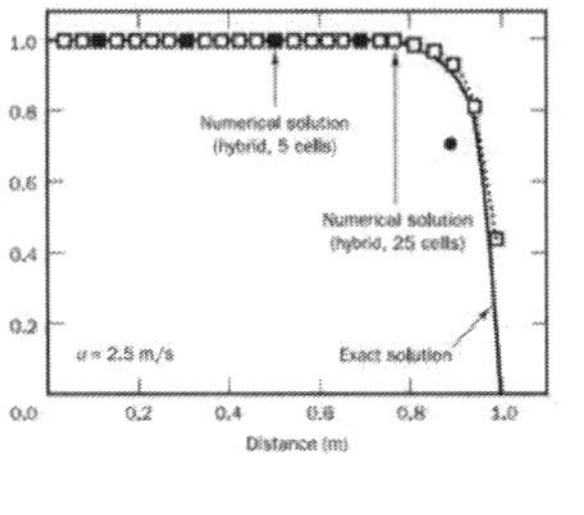

The Power-Law Scheme

- Power-law scheme (Patankar,1980)
  - More accurate and produces better results than the HDS
  - For Pe >10 ⇒ diffusion is set to zero.
  - For 0 <Pe<10 ⇒ the flux is evaluated by a polynomial expression

$$F_e\phi_e - F_w\phi_w = D_e(\phi_E - \phi_P) - D_w(\phi_P - \phi_W)$$

$$q_w = F_w[\phi_W - \beta_w(\phi_P - \phi_W)] \quad \text{for } 0 < Pe < 10 \quad \text{where } \beta_w = (1 - 0.1Pe_w)^5 / Pe_w$$

$$q_w = F_w\phi_W \text{ for } Pe > 10$$

$$q_w = F_w\left[\frac{1}{2}\left(1 + \frac{2}{Pe_w}\right)\phi_W + \frac{1}{2}\left(1 - \frac{2}{Pe_w}\right)\phi_P\right] \qquad q_w = F_w\phi_W$$

The Power-Law Scheme

- Power-law scheme (Patankar)
  - General form

$$a_P\phi_P = a_W\phi_W + a_E\phi_E \qquad a_P = a_W + a_E + (F_e - F_w)$$

a_W	a_E
$D_w \max[0, (1 - 0.1\lvert Pe_w\rvert)^5] + \max[F_w, 0]$	$D_e \max[0, (1 - 0.1\lvert Pe_e\rvert)^5] + \max[-F_e, 0]$

$$q_w = F_w[\phi_W - \beta_w(\phi_P - \phi_W)] \qquad \text{where } \beta_w = (1 - 0.1Pe_w)^5 / Pe_w$$

$$q_w = F_w\phi_W \text{ for } Pe > 10$$

The Power-Law Scheme

- Power-law scheme (Patankar)
  - Assessment
    - Similar characteristics with HDS
    - More accurate for 1D problems
    - Useful in practical flow calculations
    - Employed in commercial CFD codes

Example 5.1

- Comparison of coefficients in Ex 5.1

Node	a_W	a_E	S_P	S_u
1	0	$D-F/2$	$-(2D+F)$	$(2D+F)\phi_A$
2, 3, 4	$D+F/2$	$D-F/2$	0	0
5	$D+F/2$	0	$-(2D-F)$	$(2D-F)\phi_B$

CDS

a_W	a_E
$D_w+\dfrac{F_w}{2}$	$D_e-\dfrac{F_e}{2}$

Node	a_W	a_E	S_P	S_u
1	0	D	$-(2D+F)$	$(2D+F)\phi_A$
2, 3, 4	$D+F$	D	0	0
5	$D+F$	0	$-2D$	$2D\phi_B$

UDS

a_W	a_E
$D_w+\max(F_w,0)$	$D_e+\max(0,-F_e)$

Node	a_W	a_E	S_P	S_u
1	0	0	$-(2D+F)$	$(2D+F)\phi_A$
2,3,4	F	0	0	0
5	F	0	$-2D$	$2D\phi_B$

HDS

a_W	a_E
$\max\left[F_w,\left(D_w+\dfrac{F_w}{2}\right),0\right]$	$\max\left[-F_e,\left(D_e-\dfrac{F_e}{2}\right),0\right]$

Higher-order differencing schemes

- Hybrid and Upwind schemes are
  - Only first order in terms of Taylor series truncation error(TSTE)
  - Stable
  - Obey the transportiveness requirement
  - Prone to numerical diffusion errors
  - Such errors can be minimized by employing higher order discretizations.

- Central difference scheme is second order accurate but is not stable.

- Formulations that do not take into account the flow direction are unstable.

Higher-order differencing schemes

- QUICK scheme (Leonard, 1979)
  - Quadratic upwind differencing scheme
  - Quadratic Upstream Interpolation for Convective Kinetic (QUICK)
  - Three-point upstream-weighted quadratic interpolation for cell face values

$$F_e\phi_e - F_w\phi_w = D_e(\phi_E - \phi_P) - D_w(\phi_P - \phi_W)$$

$$\phi_w = f(\phi_P, \phi_W, \phi_{WW}) \quad \text{when } u_w > 0 \qquad \phi_w = f(\phi_W, \phi_P, \phi_E) \quad u_w < 0$$

$$\phi_e = f(\phi_E, \phi_P, \phi_W) \quad u_e > 0 \qquad \phi_e = f(\phi_{EE}, \phi_E, \phi_P) \quad u_e < 0$$

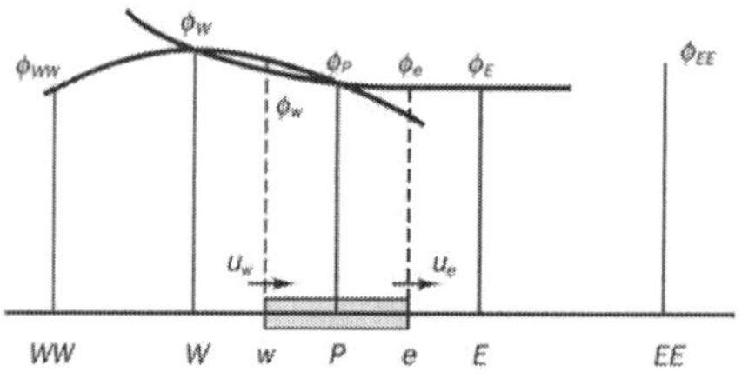

Two upstream nodes and one downstream node

Higher-order differencing schemes

- Quadratic function for uniformgrid

$$\phi_{face} = \frac{6}{8}\phi_{i-1} + \frac{3}{8}\phi_i - \frac{1}{8}\phi_{i-2}$$

When $u_w > 0$ $$\phi_w = \frac{6}{8}\phi_W + \frac{3}{8}\phi_P - \frac{1}{8}\phi_{WW}$$

When $u_e > 0$ $$\phi_e = \frac{6}{8}\phi_P + \frac{3}{8}\phi_E - \frac{1}{8}\phi_W$$

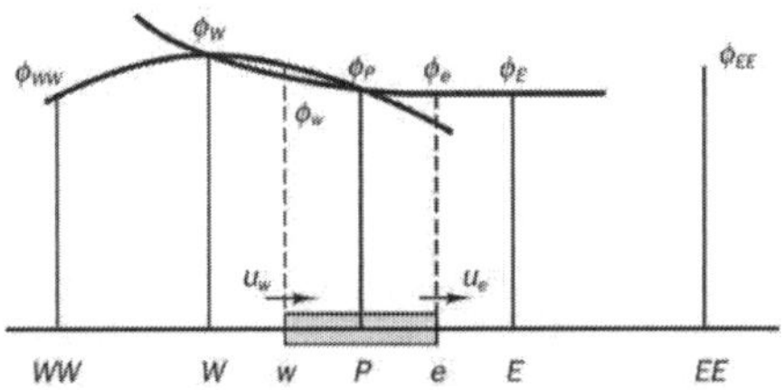

Higher-order differencing schemes

- Quadratic function for uniformgrid

$$\phi_{face} = \frac{6}{8}\phi_{i-1} + \frac{3}{8}\phi_i - \frac{1}{8}\phi_{i-2}$$

$$\phi(x) = ax^2 + bx + c$$

$$\phi(0) = \phi_P = c$$

$$\phi(-\delta x) = \phi_W = a(-x)^2 + b(-x) + c$$

$$\phi(-2\delta x) = \phi_{WW} = a(-2\delta x)^2 + b(-2\delta x) + c$$

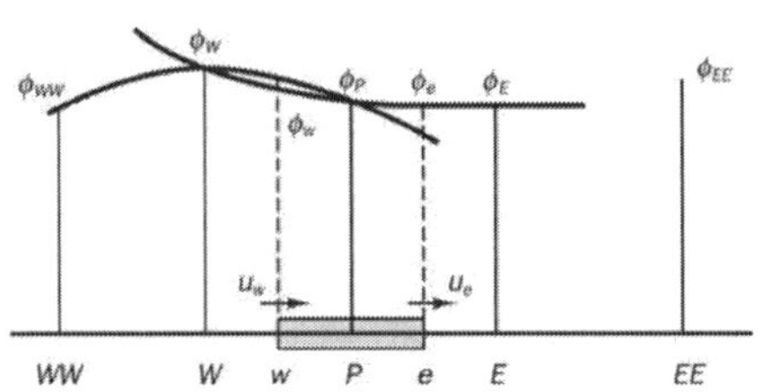

Evaluate a,b,c

$$\phi(-0.5\delta x) = \phi_w = a(-0.5\delta x)_2 + b(-0.5\delta x) + c$$

HW : Derivation

$$\phi_{face} = \frac{6}{8}\phi_{i-1} + \frac{3}{8}\phi_i - \frac{1}{8}\phi_{i-2}$$

Higher-order differencing schemes

- Discretized equation by QUICK scheme

$$F_e\phi_e - F_w\phi_w = D_e(\phi_E - \phi_P) - D_w(\phi_P - \phi_W)$$

Quadratic function for convection
Central differencing for diffusion

If $F_w > 0$ and $F_e > 0$

$$\left[F_e\left(\frac{6}{8}\phi_P + \frac{3}{8}\phi_E - \frac{1}{8}\phi_W\right) - F_w\left(\frac{6}{8}\phi_W + \frac{3}{8}\phi_P - \frac{1}{8}\phi_{WW}\right)\right] = D_e(\phi_E - \phi_P) - D_w(\phi_P - \phi_W)$$

$$\left[D_w - \frac{3}{8}F_w + D_e + \frac{6}{8}F_e\right]\phi_P = \left[D_w + \frac{6}{8}F_w + \frac{1}{8}F_e\right]\phi_W + \left[D_e - \frac{3}{8}F_e\right]\phi_E - \frac{1}{8}F_w\phi_{WW}$$

- General form

$$a_P\phi_P = a_W\phi_W + a_E\phi_E + a_{WW}\phi_{WW}$$

a_W	a_E	a_{WW}	a_P
$D_w + \frac{6}{8}F_w + \frac{1}{8}F_e$	$D_e - \frac{3}{8}F_e$	$-\frac{1}{8}F_w$	$a_W + a_E + a_{WW} + (F_e - F_w)$

Higher-order differencing schemes

- Discretized equation by QUICK scheme

$$F_e\phi_e - F_w\phi_w = D_e(\phi_E - \phi_P) - D_w(\phi_P - \phi_W)$$

Quadratic function for convection
Central differencing for diffusion

For $F_w < 0$ and $F_e < 0$

$$\phi_w = \frac{6}{8}\phi_P + \frac{3}{8}\phi_W - \frac{1}{8}\phi_E$$

$$\phi_e = \frac{6}{8}\phi_E + \frac{3}{8}\phi_P - \frac{1}{8}\phi_{EE}$$

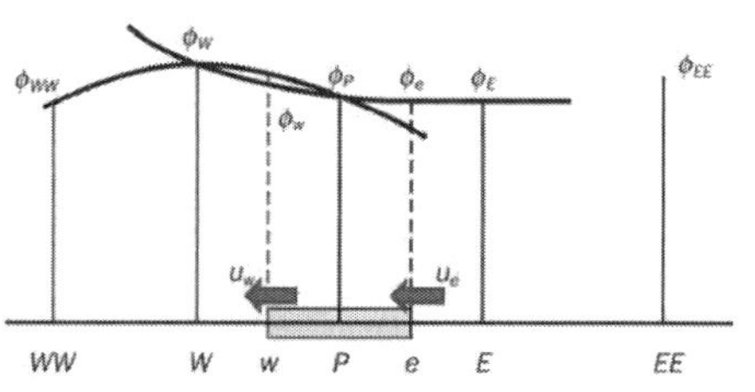

- General form

$$a_P\phi_P = a_W\phi_W + a_E\phi_E + a_{EE}\phi_{EE}$$

a_W	a_E	a_{EE}	a_P
$D_w + \frac{3}{8}F_w$	$D_e - \frac{6}{8}F_e - \frac{1}{8}F_w$	$\frac{1}{8}F_e$	$a_W + a_E + a_{EE} + (F_e - F_w)$

Higher-order differencing schemes

- Discretized equation by QUICK scheme
  - General form

$$a_P\phi_P = a_W\phi_W + a_E\phi_E + a_{WW}\phi_{WW} + a_{EE}\phi_{EE}$$

$$a_P = a_W + a_E + a_{WW} + a_{EE} + (F_e - F_w)$$

a_W	a_{WW}	a_E	a_{EE}
$D_w + \frac{6}{8}\alpha_w F_w + \frac{1}{8}\alpha_e F_e + \frac{3}{8}(1-\alpha_w)F_w$	$-\frac{1}{8}\alpha_w F_w$	$D_e - \frac{3}{8}\alpha_e F_e - \frac{6}{8}(1-\alpha_e)F_e - \frac{1}{8}(1-\alpha_w)F_w$	$\frac{1}{8}(1-\alpha_e)F_e$

$$\alpha_w = 1 \text{ for } F_w > 0 \text{ and } \alpha_e = 1 \text{ for } F_e > 0$$
$$\alpha_w = 0 \text{ for } F_w < 0 \text{ and } \alpha_e = 0 \text{ for } F_e < 0$$

Higher-order differencing schemes

- Example 5.4
  - Boundary treatment
    - Linear extrapolation

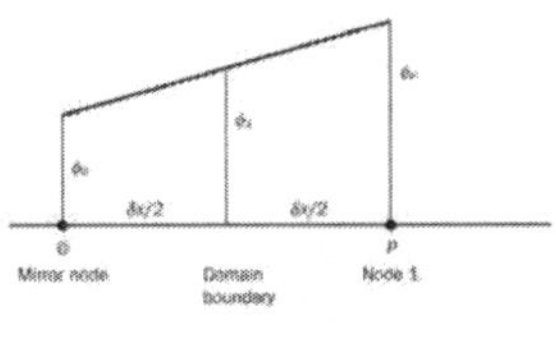

$$\phi_0 = 2\phi_A - \phi_P$$

$$\phi_e = \frac{6}{8}\phi_P + \frac{3}{8}\phi_E - \frac{1}{8}\phi_W$$

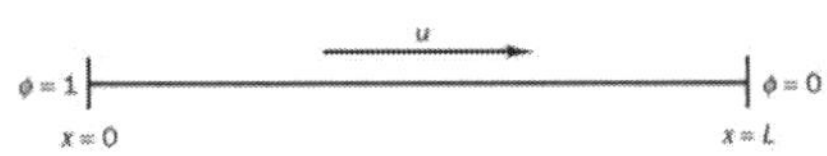

$$\phi_e = \frac{6}{8}\phi_P + \frac{3}{8}\phi_E - \frac{1}{8}(2\phi_A - \phi_P)$$
$$= \frac{7}{8}\phi_P + \frac{3}{8}\phi_E - \frac{2}{8}\phi_A$$

Higher-order differencing schemes

- Example 5.4
  - Boundary treatment

$$\Gamma \frac{\partial \phi}{\partial x}\bigg|_A = \frac{D_A^*}{3}(9\phi_P - 8\phi_A - \phi_E)$$

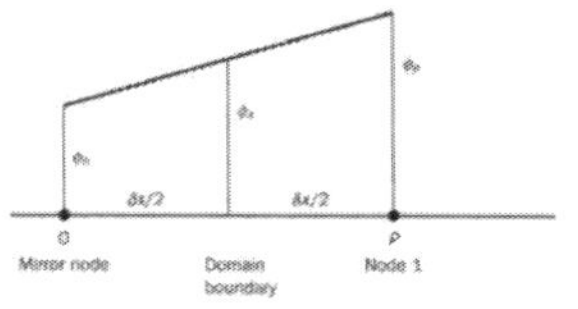

$$\phi = f(\phi_A, \phi_P, \phi_E) = ax^2 + bx + c$$

$$\phi(0) = \phi_A$$

$$\phi\left(\frac{\delta x}{2}\right) = \phi_P$$

$$\phi\left(\frac{3\delta x}{2}\right) = \phi_E$$

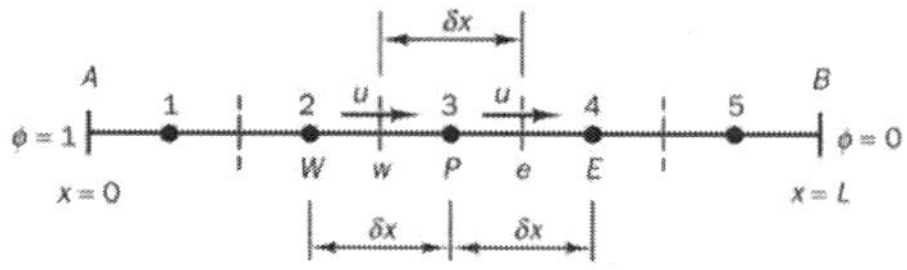

Higher-order differencing schemes

- Assessment of QUICK
  - Uses consistent quadratic profiles → conservative
  - Is based on a quadratic function → has 3rd order truncation error
  - Is based on 2 upstream and 1 downstream nodes has transportiveness
  - Boundedness is not guaranteed.
  - Gives rise to stability problems and unbounded solutions.
  - QUICK scheme is conditionally stable.
  - Involves ϕ_{WW} and ϕ_{EE} which are not immediate-neighbor nodes
    - Complicated matrix structure

a_W	a_{WW}	a_E	a_{EE}
$D_w + \frac{6}{8}\alpha_w F_w + \frac{1}{8}\alpha_e F_e + \frac{3}{8}(1-\alpha_w)F_w$	$-\frac{1}{8}\alpha_w F_w$	$D_e - \frac{3}{8}\alpha_e F_e - \frac{6}{8}(1-\alpha_e)F_e - \frac{1}{8}(1-\alpha_w)F_w$	$\frac{1}{8}(1-\alpha_e)F_e$

Higher-order differencing schemes

- Stability problems of the QUICK scheme and remedies
  - The QUICK scheme of previous form can be unstable due to the appearance of negat ive main coefficient.
  - Different way to alleviate stability problem
  - Deferred correction : allocation of source term of the part of discretization that con tain negative coefficients
  - The main coefficients are positive and satisfy the requirement of conservativeness, boundedness and transportiveness.
  - Need iteration   n+1, n

$$\phi_w = \phi_W + \frac{1}{8}[3\phi_P - 2\phi_W - \phi_{WW}] \quad \text{for } F_w > 0$$

$$\phi_e = \phi_P + \frac{1}{8}[3\phi_E - 2\phi_P - \phi_W] \quad \text{for } F_e > 0$$

$$\phi_w = \phi_P + \frac{1}{8}[3\phi_W - 2\phi_P - \phi_E] \quad \text{for } F_w < 0$$

$$\phi_e = \phi_E + \frac{1}{8}[3\phi_P - 2\phi_E - \phi_{EE}] \quad \text{for } F_e < 0$$

$$\boxed{a_P\phi_P = a_W\phi_W + a_E\phi_E + \bar{S}}$$

$$\boxed{a_P = a_W + a_E + (F_e - F_w)}$$

a_W	a_E	$\bar{S}$
$D_w + \alpha_w F_w$	$D_e - (1-\alpha_e)F_e$	$\frac{1}{8}(3\phi_P - 2\phi_W - \phi_{WW})\alpha_w F_w$ $+\frac{1}{8}(\phi_W + 2\phi_P - 3\phi_E)\alpha_e F_e$ $+\frac{1}{8}(3\phi_W - 2\phi_P - \phi_E)(1-\alpha_w)F_w$ $+\frac{1}{8}(2\phi_E + \phi_{EE} - 3\phi_P)(1-\alpha_e)F_e$

$\alpha_w = 1$ for $F_w > 0$ and $\alpha_e = 1$ for $F_e > 0$
$\alpha_w = 0$ for $F_w < 0$ and $\alpha_e = 0$ for $F_e < 0$

Higher-order differencing schemes

- Comparison

Original form

a_W	a_{WW}	a_E	a_{EE}
$D_w + \frac{6}{8}\alpha_w F_w + \frac{1}{8}\alpha_e F_e$ $+\frac{3}{8}(1-\alpha_w)F_w$	$-\frac{1}{8}\alpha_w F_w$	$D_e - \frac{3}{8}\alpha_e F_e - \frac{6}{8}(1-\alpha_e)F_e$ $-\frac{1}{8}(1-\alpha_w)F_w$	$\frac{1}{8}(1-\alpha_e)F_e$

$\alpha_w = 1$ for $F_w > 0$ and $\alpha_e = 1$ for $F_e > 0$
$\alpha_w = 0$ for $F_w < 0$ and $\alpha_e = 0$ for $F_e < 0$

$$\boxed{a_P\phi_P = a_W\phi_W + a_E\phi_E + a_{WW}\phi_{WW} + a_{EE}\phi_{EE}}$$

$$\boxed{a_P = a_W + a_E + a_{WW} + a_{EE} + (F_e - F_w)}$$

Deferred form

a_W	a_E	$\bar{S}$
$D_w + \alpha_w F_w$	$D_e - (1-\alpha_e)F_e$	$\frac{1}{8}(3\phi_P - 2\phi_W - \phi_{WW})\alpha_w F_w$ $+\frac{1}{8}(\phi_W + 2\phi_P - 3\phi_E)\alpha_e F_e$ $+\frac{1}{8}(3\phi_W - 2\phi_P - \phi_E)(1-\alpha_w)F_w$ $+\frac{1}{8}(2\phi_E + \phi_{EE} - 3\phi_P)(1-\alpha_e)F_e$

$$\boxed{a_P\phi_P = a_W\phi_W + a_E\phi_E + \bar{S}}$$

$$\boxed{a_P = a_W + a_E + (F_e - F_w)}$$

$\alpha_w = 1$ for $F_w > 0$ and $\alpha_e = 1$ for $F_e > 0$
$\alpha_w = 0$ for $F_w < 0$ and $\alpha_e = 0$ for $F_e < 0$

Higher-order differencing schemes

- General comments on QUICK
  - Undershoot and overshoot

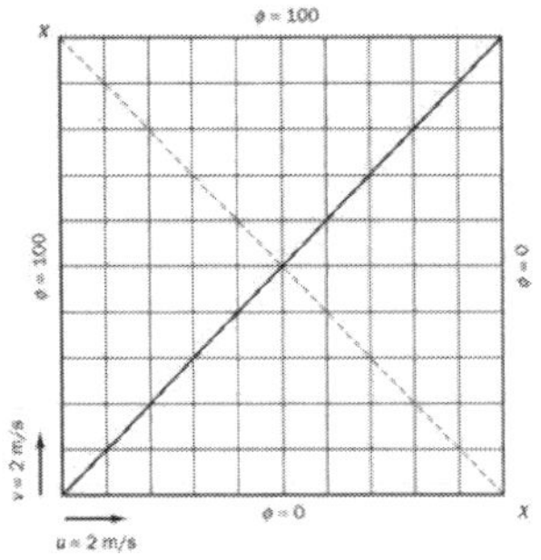

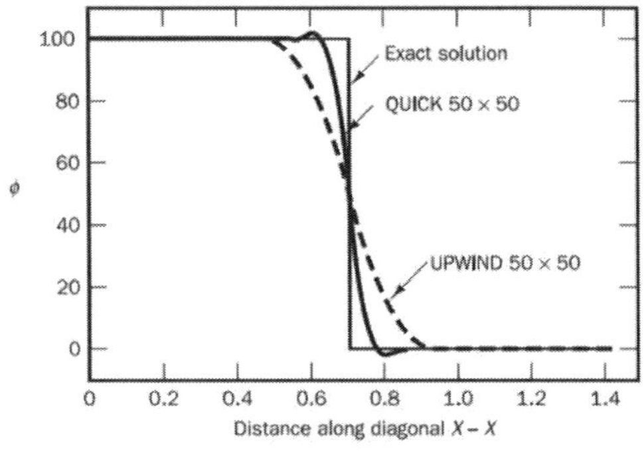

강 의 노 트

※ 1.

※ 2.

※ 3.

TVD Schemes

- Generalization of upwind-biased schemes
  - Standard Upwind Differencing Scheme (UD)

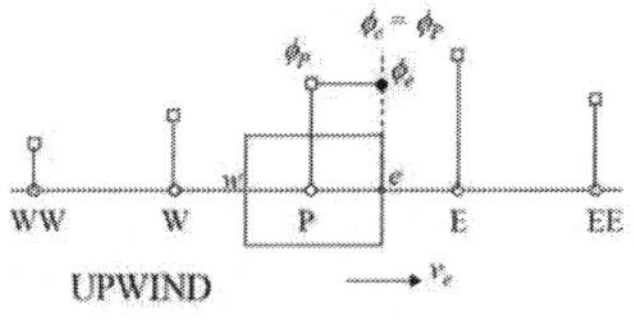

$$\phi_e = \phi_P$$

  - Linear Upwind Differencing Scheme (LUD)

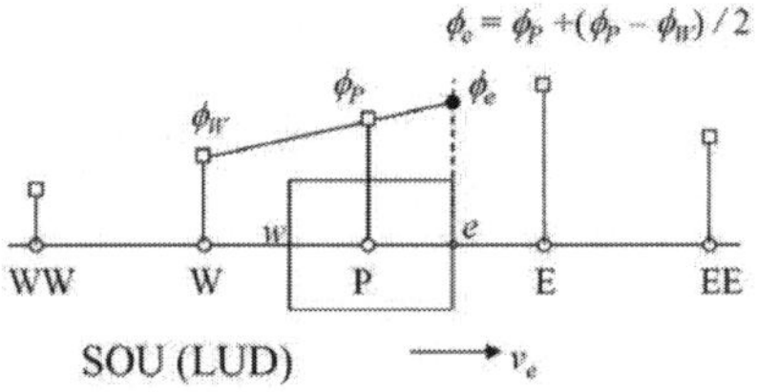

$$\phi_e = \phi_P + \frac{(\phi_P - \phi_W)}{\delta x}\frac{\delta x}{2}$$

$$= \phi_P + \frac{1}{2}(\phi_P - \phi_W)$$

TVD Schemes

- Generalization of upwind-biased schemes
  - Central Differencing Scheme (CD)

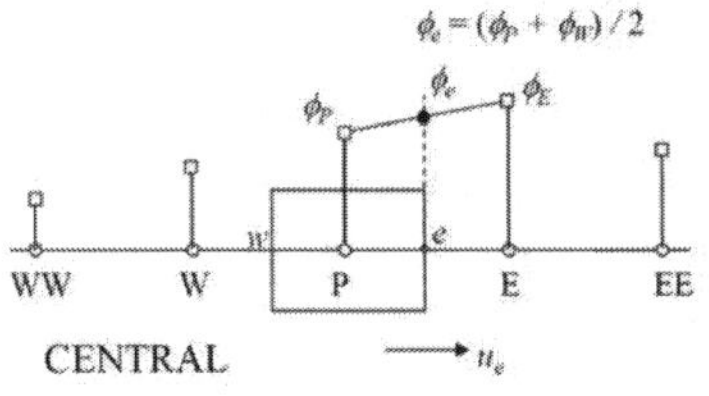

$$\phi_e = \frac{(\phi_P + \phi_E)}{2}$$

or

$$\phi_e = \phi_P + \frac{1}{2}(\phi_E - \phi_P)$$

  - QUICK Scheme

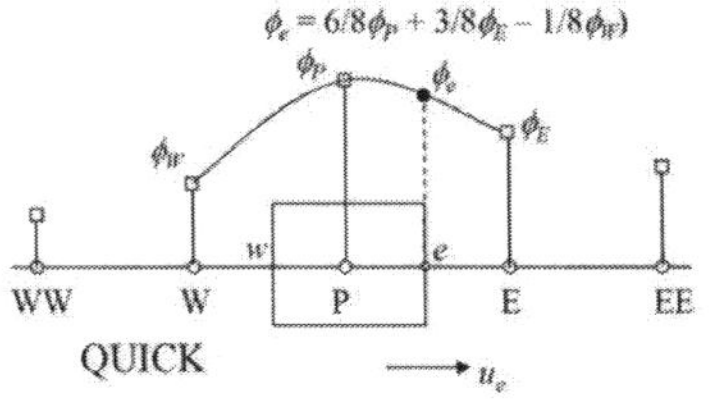

$$\phi_e = \frac{6}{8}\phi_P + \frac{3}{8}\phi_E - \frac{1}{8}\phi_W$$

$$\phi_e = \phi_P + \frac{1}{8}(3\phi_E - 2\phi_P - \phi_W)$$

TVD Schemes

- Generalization of upwind-biased schemes
  - General form

$$\phi_e = \phi_P + \frac{1}{2}\psi(\phi_E - \phi_P)$$

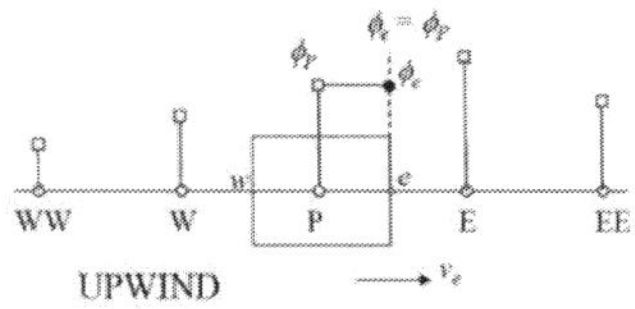

$\psi = 0$ for UD scheme $\qquad \phi_e = \phi_P$

$\psi = 1$ for CD scheme $\qquad \phi_P + \frac{1}{2}(\phi_P - \phi_W)$

$\psi = \left(\frac{\phi_P - \phi_W}{\phi_E - \phi_P}\right)$ for LUD scheme $\qquad \phi_P + \frac{1}{2}(\phi_E - \phi_P)$

$\psi = \left(3 + \frac{\phi_P - \phi_W}{\phi_E - \phi_P}\right)\frac{1}{4}$ for QUICK scheme $\qquad \phi_P + \frac{1}{8}(3\phi_E - 2\phi_P - \phi_W)$

TVD Schemes

- Generalization of upwind-biased schemes
  - General form

$$\phi_e = \phi_P + \frac{1}{2}\psi(\phi_E - \phi_P) \quad \Rightarrow \quad \phi_e = \phi_P + \frac{1}{2}\psi(r)(\phi_E - \phi_P)$$

$$r = \frac{\phi_P - \phi_W}{\phi_E - \phi_P}$$

$\psi = 0$ for UD scheme $\qquad \psi(r) = 0$

$\psi = 1$ for CD scheme $\qquad \psi(r) = 1$

$\psi = \left(\frac{\phi_P - \phi_W}{\phi_E - \phi_P}\right)$ for LUD scheme $\qquad \psi(r) = r$

$\psi = \left(3 + \frac{\phi_P - \phi_W}{\phi_E - \phi_P}\right)\frac{1}{4}$ for QUICK scheme $\qquad \psi(r) = (3 + r)/4$

TVD Schemes

- Generalization of upwind-biased schemes
  - General form

$$\phi_e = \phi_P + \frac{1}{2}\psi(r)(\phi_E - \phi_P)$$

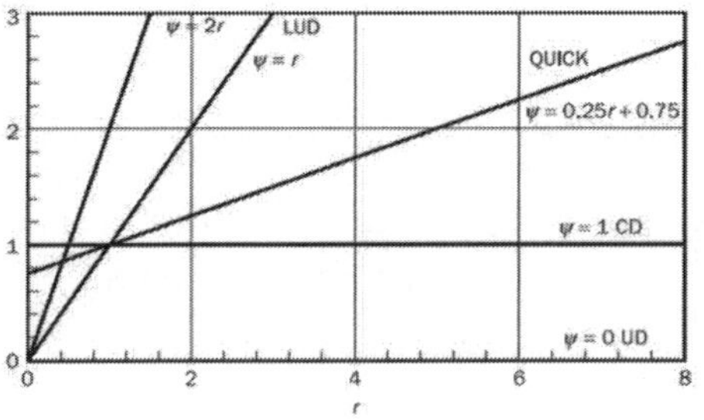

$$\psi(r) = 0$$

$$\psi(r) = 1$$

$$\psi(r) = r$$

$$\psi(r) = (3 + r)/4$$

TVD Schemes

- Total variation and TVD schemes

$$TV(\phi) = |\phi_2 - \phi_1| + |\phi_3 - \phi_2| + |\phi_4 - \phi_3| + |\phi_5 - \phi_4|$$
$$= |\phi_3 - \phi_1| + |\phi_5 - \phi_3|$$

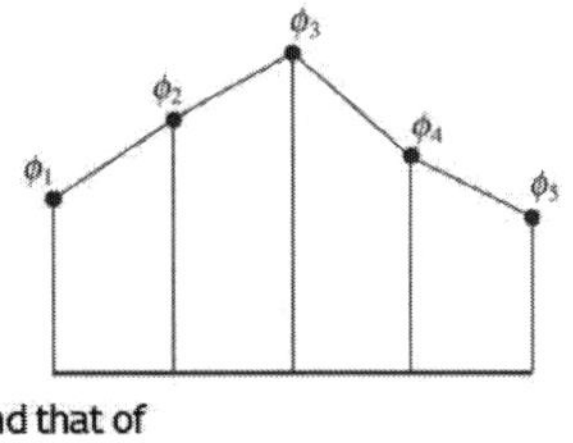

  - Monotonicity preserving
    - It must not create local extrema.
    - The value of an existing local minimum must be non-decreasing and that of a local maximum must be non-increasing.
  - For monotonicity, this *TV* must not increase with time. (initially developed for unsteady prob.)
  - Monotonicity preserving schemes do not create new undershoots and overshoots.

We measure the amount of oscillation in a solution by definin g the total variation of a function:

The more the variation between cells, the larger the *total v ariation* ➔ the more oscillatory the function

TVD Schemes

- Total variation and TVD schemes

$$TV(\phi) = |\phi_2 - \phi_1| + |\phi_3 - \phi_2| + |\phi_4 - \phi_3| + |\phi_5 - \phi_4|$$
$$= |\phi_3 - \phi_1| + |\phi_5 - \phi_3|$$

  - In other words TV must diminish with time.
  - Hence, the term total variation diminishing or TVD.

  - Originally TVD was developed for time-dependent flows.

$$TV(\phi^{n+1}) \leq TV(\phi^n)$$

TVD Schemes

- Criteria for TVD Schemes

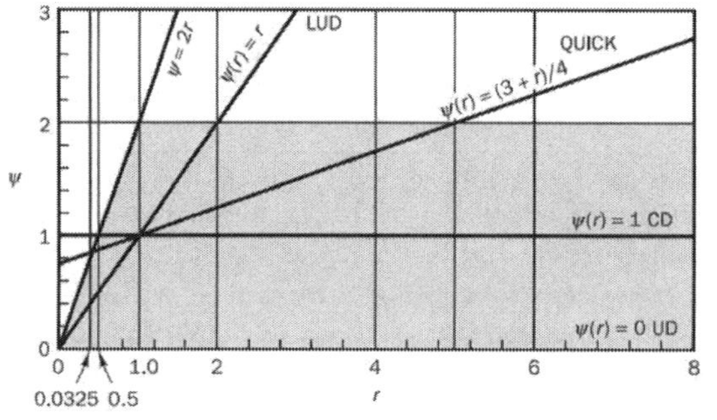

  - Sweby (1984) has given necessary and sufficient ***conditions for a scheme to be TVD*** in terms of the $r - \psi$ relationship:

$$\text{For } 0 < r < 1 \rightarrow \psi(r) \leq 2r \qquad r = \frac{\phi_P - \phi_W}{\phi_E - \phi_P}$$
$$\text{For } r \geq 1 \rightarrow \psi(r) \leq 2$$

TVD Schemes

- Criteria for 2nd order accuracy

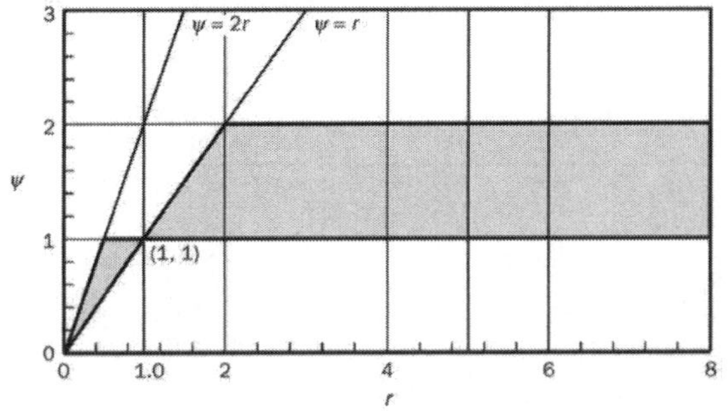

  - Sweby also showed that the ***range of possible second-order schemes*** is bounded by the central difference and linear upwind schemes:

$$\text{For } 0 < r < 1 \text{ for TVD to be second order } r \le \psi(r) \le 1$$
$$\text{For } r \ge 1 \text{ for TVD to be second order } 1 \le \psi(r) \le r$$

TVD Schemes

- Limiter functions

Name	*Limiter function* $\psi(r)$	*Source*
Van Leer	$\dfrac{r+\lvert r\rvert}{1+r}$	Van Leer (1974)
Van Albada	$\dfrac{r+r^2}{1+r^2}$	Van Albada *et al.* (1982)
Min-Mod	$\psi(r)=\begin{cases}\min(r,1) & \text{if } r>0\\ 0 & \text{if } r\le 0\end{cases}$	Roe (1985)
SUPERBEE	$\max[0, \min(2r, 1), \min(r, 2)]$	Roe (1985)
Sweby	$\max[0, \min(\beta r, 1), \min(r, \beta)]$	Sweby (1984)
QUICK	$\max[0, \min(2r, (3+r)/4, 2)]$	Leonard (1988)
UMIST	$\max[0, \min(2r, (1+3r)/4, (3+r)/4, 2)]$	Lien and Leschziner (1993)

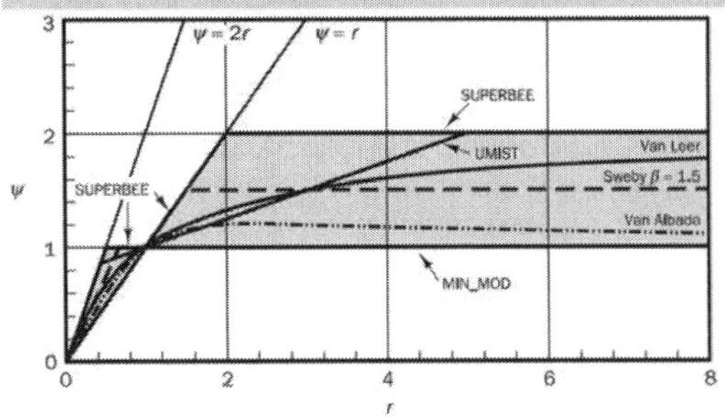

TVD Schemes

- Implementation of TVD scheme
  - With deferred correction

$$\phi_e = \phi_P + \frac{1}{2}\psi(r)(\phi_E - \phi_P)$$

$$a_P\phi_P = a_W\phi_W + a_E\phi_E + S_u^{DC}$$

$$\text{where } a_W = D_w + F_w$$

$$a_E = D_e$$

$$a_P = a_W + a_E + (F_e - F_w)$$

$$S_u^{DC} = -F_e\left[\frac{1}{2}\psi(r_e)(\phi_E - \phi_P)\right] + F_w\left[\frac{1}{2}\psi(r_w)(\phi_P - \phi_W)\right]$$

TVD Schemes

- Evaluation of TVD scheme
  - Second order accurate without unphysical oscillation
  - TVD schemes require about 15% more CPU time.

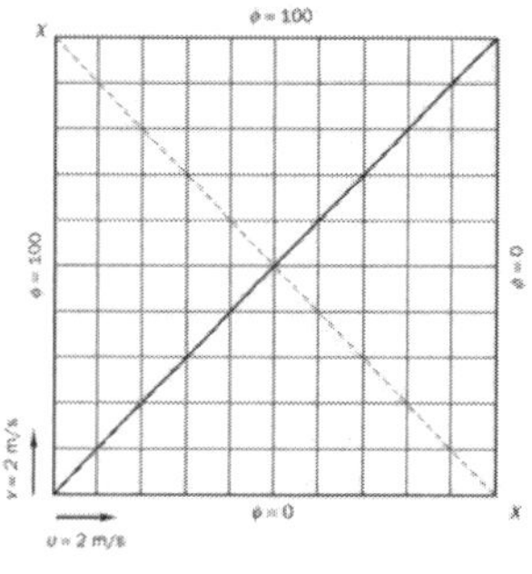

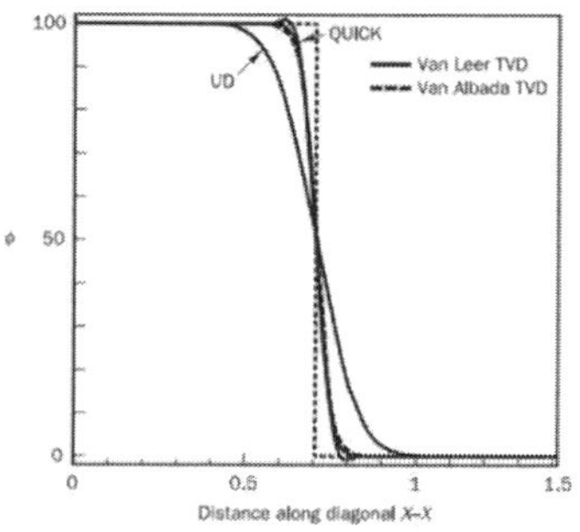

Chapter 05.

Solution Algorithms for Pressure-Velocity Coupling in Steady Flows

Introduction

- The convection of scalar variable φ depends on the local velocity (direction and magnitude)
- In previous chapter, we assume the velocity field was constant
- In general, the velocity fields are not known and emerges as part of the solution process along with all other flow variables

- Governing equations (2 dimensional steady Navier-Stokes equations)

$$\frac{\partial}{\partial x}(\rho uu)+\frac{\partial}{\partial y}(\rho vu)=\frac{\partial}{\partial x}\left(\mu\frac{\partial u}{\partial x}\right)+\frac{\partial}{\partial y}\left(\mu\frac{\partial u}{\partial y}\right)-\frac{\partial p}{\partial x}+S_u$$

$$\frac{\partial}{\partial x}(\rho uv)+\frac{\partial}{\partial y}(\rho vv)=\frac{\partial}{\partial x}\left(\mu\frac{\partial v}{\partial x}\right)+\frac{\partial}{\partial y}\left(\mu\frac{\partial v}{\partial y}\right)-\frac{\partial p}{\partial y}+S_v$$

$$\frac{\partial}{\partial x}(\rho u)+\frac{\partial}{\partial y}(\rho v)=0$$

Introduction

- Issues
  - Non-linearity
    - The convection terms of momentum eqs. contain non-linear terms
    - All three (or two) equations are coupled since every velocity components appears in each momentum eq. and in continuity eq.
  - Pressure-velocity
    - Pressure gradient terms appears in every momentum eqs..
    - But there is no equation for pressure
    - If the flow is incompressible, density is constant and not linked to pressure
    - Coupling between pressure and velocity introduces a constraint in the solution of the flow field

→ If the correct pressure field is applied to the momentum eqs, the resulting velocity field should satisfy the continuity equation.

→ SIMPLE algorithm

Introduction

- SIMPLE algorithm
    - The convective fluxes per unit mass F are evaluated from guessed velocity
    - A guessed pressure field is used to solve the momentum equations
    - A pressure correction equation, deduced from the continuity equation, is solved to obtain a pressure correction field and this is used to update the velocity and pressure field
    - For the iteration process, initial guesses for the velocity and pressure field is necessary
    - The process is iterated until convergence of velocity and pressure field

강 의 노 트

※ 1.

※ 2.

※ 3.

The staggered grid

- If the velocities and pressure are both defined at the nodes of an ordinary CV, a highly non-uniform pressure field can act like a uniform field
→ Checker board problem

- If the pressure at the central node(P)
→ doesn't appear
→ dp/dx, dp/dy : zero at all nodes,
zero momentum source
→ Non-physical

$$\frac{\partial p}{\partial x} = \frac{p_e - p_w}{\delta x} = \frac{\left(\frac{p_E + p_P}{2}\right) - \left(\frac{p_P + p_W}{2}\right)}{\delta x} = \frac{p_E - p_W}{2\delta x}$$

- Staggered grid

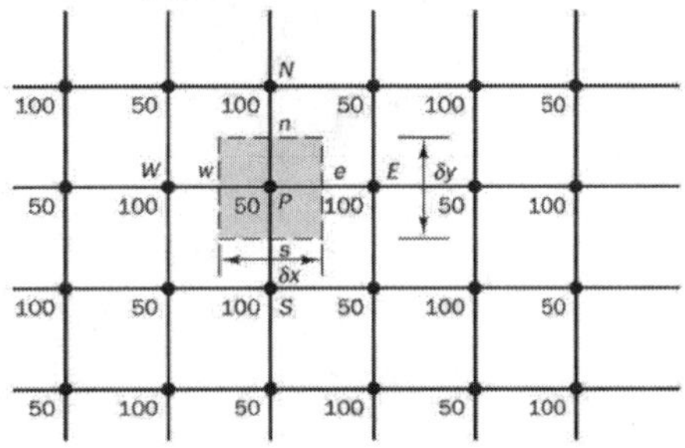

The staggered grid

- Harlow and Welch (1965)

- Scalar variables
  Pressure (•) (I,J)

- Velocities
  x-direction → (i,J)

$$\frac{\partial p}{\partial x} = \frac{p_P - p_W}{\delta x_u}$$

  y-direction ↑ (I,j)

$$\frac{\partial p}{\partial y} = \frac{p_P - p_S}{\delta y_v}$$

<u>No checkboard problem</u>
<u>No interpolation of velocities</u>

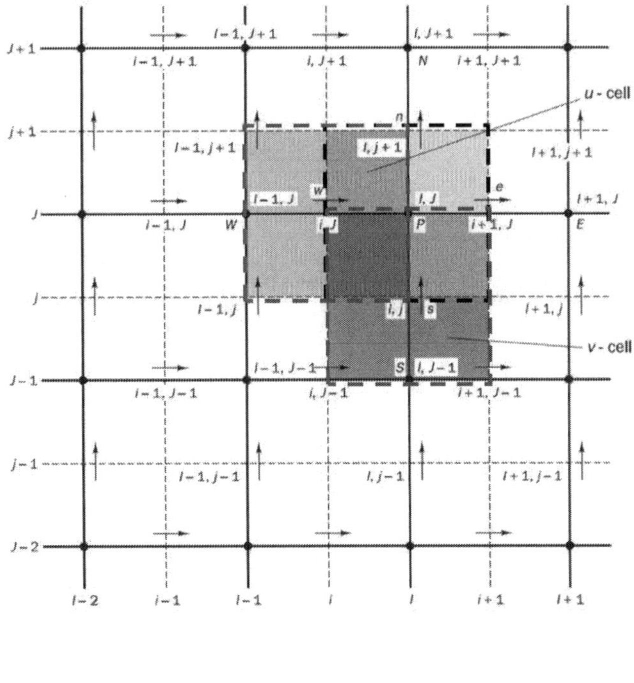

Momentum equations

- Staggered grid
  - Scalar variables : (I,J)
  - Velocities x-direction : (i,J)
  - Velocities y-direction : (I,j)

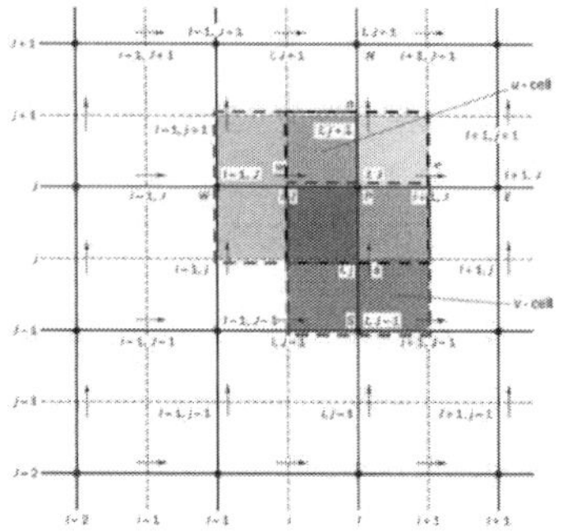

- x-direction momentum equation

$$a_{i,J}u_{i,J} = \sum a_{nb}u_{nb} - \frac{p_{I,J} - p_{I-1,J}}{\delta x_u}\Delta V_u + \bar{S}\Delta V_u$$

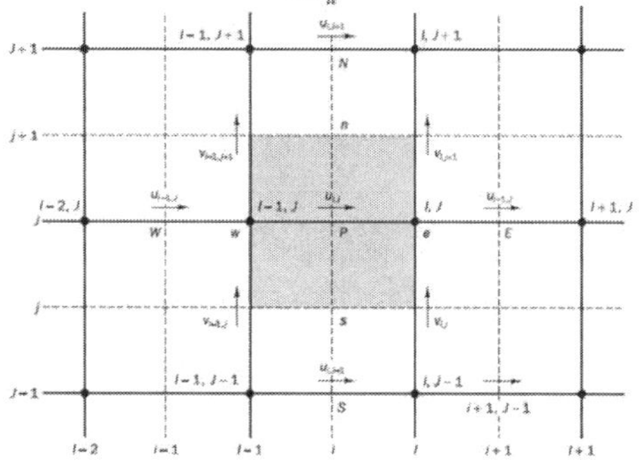

Momentum equations

- x-direction momentum equation

$$a_{i,J}u_{i,J} = \sum a_{nb}u_{nb} + (p_{I-1,J} - p_{I,J})A_{i,J} + b_{i,J} \quad (1)$$

$$F_w = (\rho u)_w = \frac{F_{i,J} + F_{i-1,J}}{2}$$

$$= \frac{1}{2}\left[\left(\frac{\rho_{I,J} + \rho_{I-1,J}}{2}\right)u_{i,J} + \left(\frac{\rho_{I-1,J} + \rho_{I-2,J}}{2}\right)u_{i-1,J}\right]$$

$$F_e = (\rho u)_e = \frac{F_{i+1,J} + F_{i,J}}{2}$$

$$= \frac{1}{2}\left[\left(\frac{\rho_{I+1,J} + \rho_{I,J}}{2}\right)u_{i+1,J} + \left(\frac{\rho_{I,J} + \rho_{I-1,J}}{2}\right)u_{i,J}\right]$$

$$F_s = (\rho v)_s = \frac{F_{I,j} + F_{I-1,j}}{2}$$

$$= \frac{1}{2}\left[\left(\frac{\rho_{I,J} + \rho_{I,J-1}}{2}\right)v_{I,j} + \left(\frac{\rho_{I-1,J} + \rho_{I-1,J-1}}{2}\right)v_{I-1,j}\right]$$

$$F_n = (\rho v)_n = \frac{F_{I,j+1} + F_{I-1,j+1}}{2}$$

$$= \frac{1}{2}\left[\left(\frac{\rho_{I,J+1} + \rho_{I,J}}{2}\right)v_{I,j+1} + \left(\frac{\rho_{I-1,J+1} + \rho_{I-1,J}}{2}\right)v_{I-1,j+1}\right]$$

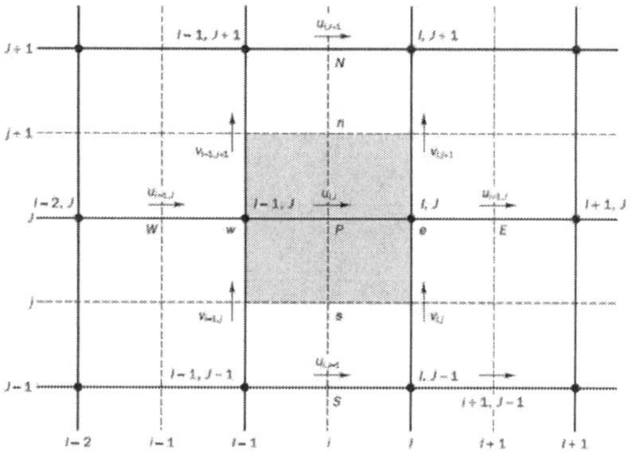

$$D_w = \frac{\Gamma_{I-1,J}}{x_i - x_{i-1}} \qquad D_s = \frac{\Gamma_{I-1,J} + \Gamma_{I,J} + \Gamma_{I-1,J-1} + \Gamma_{I,J-1}}{4(y_J - y_{J-1})}$$

$$D_e = \frac{\Gamma_{I,J}}{x_{i+1} - x_i} \qquad D_n = \frac{\Gamma_{I-1,J+1} + \Gamma_{I,J+1} + \Gamma_{I-1,J} + \Gamma_{I,J}}{4(y_{J+1} - y_J)}$$

Momentum equations

- y-direction momentum equation

$$a_{I,j}v_{I,j} = \sum a_{nb}v_{nb} + (p_{I,J-1} - p_{I,J})A_{I,j} + b_{I,j} \quad (2)$$

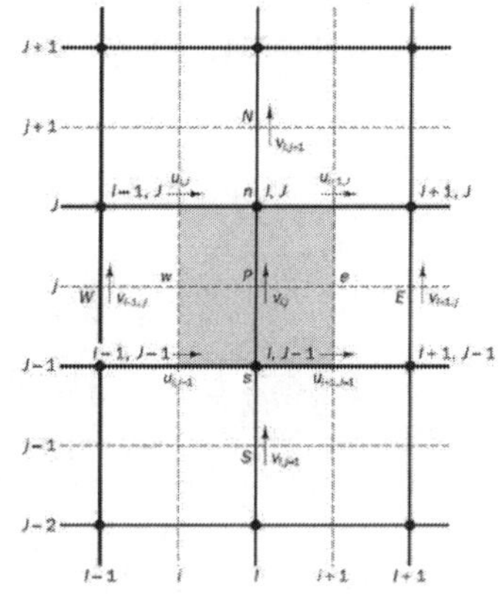

$$F_w = (\rho u)_w = \frac{F_{i,J} + F_{i,J-1}}{2}$$

$$= \frac{1}{2}\left[\left(\frac{\rho_{I,J} + \rho_{I-1,J}}{2}\right)u_{i,J} + \left(\frac{\rho_{I-1,J-1} + \rho_{I,J-1}}{2}\right)u_{i,J-1}\right]$$

$$F_e = (\rho u)_e = \frac{F_{i+1,J} + F_{i+1,J-1}}{2}$$

$$= \frac{1}{2}\left[\left(\frac{\rho_{I+1,J} + \rho_{I,J}}{2}\right)u_{i+1,J} + \left(\frac{\rho_{I,J-1} + \rho_{I+1,J-1}}{2}\right)u_{i+1,J-1}\right]$$

$$F_s = (\rho v)_s = \frac{F_{I,j-1} + F_{I,j}}{2}$$

$$= \frac{1}{2}\left[\left(\frac{\rho_{I,J-1} + \rho_{I,J-2}}{2}\right)v_{I,j-1} + \left(\frac{\rho_{I,J} + \rho_{I,J-1}}{2}\right)v_{I,j}\right]$$

$$F_n = (\rho v)_n = \frac{F_{I,j} + F_{I,j+1}}{2}$$

$$= \frac{1}{2}\left[\left(\frac{\rho_{I,J} + \rho_{I,J-1}}{2}\right)v_{I,j} + \left(\frac{\rho_{I,J+1} + \rho_{I,J}}{2}\right)v_{I,j+1}\right]$$

$$D_w = \frac{\Gamma_{I-1,J-1} + \Gamma_{I,J-1} + \Gamma_{I-1,J} + \Gamma_{I,J}}{4(x_I - x_{I-1})} \qquad D_s = \frac{\Gamma_{I,J-1}}{y_j - y_{j-1}}$$

$$D_e = \frac{\Gamma_{I,J-1} + \Gamma_{I+1,J-1} + \Gamma_{I,J} + \Gamma_{I+1,J}}{4(x_{I+1} - x_I)} \qquad D_n = \frac{\Gamma_{I,J}}{y_{j+1} - y_j}$$

강 의 노 트

※ 1.

※ 2.

※ 3.

The SIMPLE algorithm

- Guess-and-correct procedure for calculation of pressure on staggered grid arrangement

- Initial guess p*

- Solve the discretized momentum equation

$$a_{i,J}u^*_{i,J} = \sum a_{nb}u^*_{nb} + (p^*_{I-1,J} - p^*_{I,J})A_{i,J} + b_{i,J} \quad \text{(1B)}$$

$$a_{I,j}v^*_{I,j} = \sum a_{nb}v^*_{nb} + (p^*_{I,J-1} - p^*_{I,J})A_{I,j} + b_{I,j} \quad \text{(2B)}$$

- Define p=p*+p' , u=u*+u', v=v*+v'
- eq(1)-eq(1B), eq(2)-eq(2B)

$$a_{i,J}(u_{i,J} - u^*_{i,J}) = \sum a_{nb}(u_{nb} - u^*_{nb}) + [(p_{I-1,J} - p^*_{I-1,J}) - (p_{I,J} - p^*_{I,J})]A_{i,J}$$

$$a_{I,j}(v_{I,j} - v^*_{I,j}) = \sum a_{nb}(v_{nb} - v^*_{nb}) + [(p_{I,J-1} - p^*_{I,J-1}) - (p_{I,J} - p^*_{I,J})]A_{I,j}$$

$$a_{i,J}u'_{i,J} = \sum a_{nb}u'_{nb} + (p'_{I-1,J} - p'_{I,J})A_{i,J} \quad \text{(1C)}$$

$$a_{I,j}v'_{I,j} = \sum a_{nb}v'_{nb} + (p'_{I,J-1} - p'_{I,J})A_{I,j} \quad \text{(2C)}$$

The SIMPLE algorithm

- $\Sigma a_{nb}\, u'_{nb}$, $\Sigma a_{nb}\, v'_{nb}$ are dropped to simplify eq (1C) and (2C)

$$u'_{i,J} = d_{i,J}(p'_{I-1,J} - p'_{I,J})$$

$$v'_{I,j} = d_{I,j}(p'_{I,J-1} - p'_{I,J})$$

where $d_{i,J} = \dfrac{A_{i,J}}{a_{i,J}}$ and $d_{I,j} = \dfrac{A_{I,j}}{a_{I,j}}$

Key point of the SIMPLE algorithm

u(i,J), v(I,j)

$$u_{i,J} = u^*_{i,J} + d_{i,J}(p'_{I-1,J} - p'_{I,J}) \quad \text{(1D)}$$

$$v_{I,j} = v^*_{I,j} + d_{I,j}(p'_{I,J-1} - p'_{I,J}) \quad \text{(2D)}$$

u(i+1,J), v(I,j+1)

$$u_{i+1,J} = u^*_{i+1,J} + d_{i+1,J}(p'_{I,J} - p'_{I+1,J}) \quad \text{(1E)}$$

$$v_{I,j+1} = v^*_{I,j+1} + d_{I,j+1}(p'_{I,J} - p'_{I,J+1}) \quad \text{(2E)}$$

- Continuity equation

$$[(\rho uA)_{i+1,J} - (\rho uA)_{i,J}] + [(\rho vA)_{I,j+1} - (\rho vA)_{I,j}] = 0$$

Insert (1D), (2D), (1E), (2E)

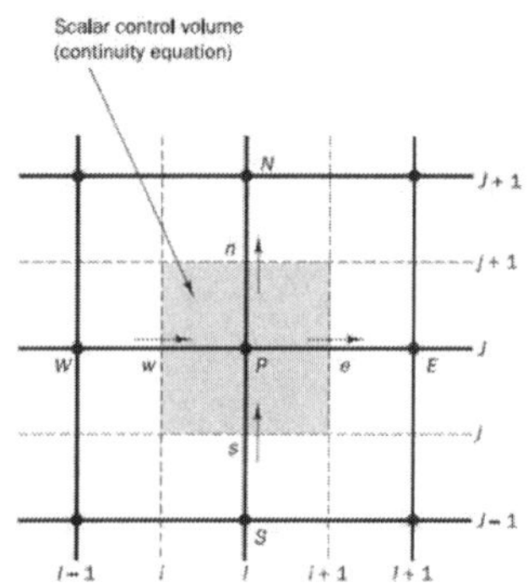

The SIMPLE algorithm

- Equation for pressure correction p'

$$[(\rho uA)_{i+1,J}-(\rho uA)_{i,J}]+[(\rho vA)_{I,j+1}-(\rho vA)_{I,j}]=0$$

$$u_{i,J}=u^*_{i,J}+d_{i,J}(p'_{I-1,J}-p'_{I,J}) \qquad u_{i+1,J}=u^*_{i+1,J}+d_{i+1,J}(p'_{I,J}-p'_{I+1,J})$$

$$v_{I,j}=v^*_{I,j}+d_{I,j}(p'_{I,J-1}-p'_{I,J}) \qquad v_{I,j+1}=v^*_{I,j+1}+d_{I,j+1}(p'_{I,J}-p'_{I,J+1})$$

$$\begin{aligned}&[\rho_{i+1,J}A_{i+1,J}(u^*_{i+1,J}+d_{i+1,J}(p'_{I,J}-p'_{I+1,J}))-\rho_{i,J}A_{i,J}(u^*_{i,J}\\&+d_{i,J}(p'_{I-1,J}-p'_{I,J}))]+[\rho_{I,j+1}A_{I,j+1}(v^*_{I,j+1}+d_{I,j+1}(p'_{I,J}-p'_{I,J+1}))\\&-\rho_{I,j}A_{I,j}(v^*_{I,j}+d_{I,j}(p'_{I,J-1}-p'_{I,J}))]=0 \qquad (6.30)\end{aligned}$$

$$\begin{aligned}&[(\rho dA)_{i+1,J}+(\rho dA)_{i,J}+(\rho dA)_{I,j+1}+(\rho dA)_{I,j}]p'_{I,J}=(\rho dA)_{i+1,J}p'_{I+1,J}\\&+(\rho dA)_{i,J}p'_{I-1,J}+(\rho dA)_{I,j+1}p'_{I,J+1}+(\rho dA)_{I,j}p'_{I,J-1}\\&+[(\rho u^*A)_{i,J}-(\rho u^*A)_{i+1,J}+(\rho v^*A)_{I,j}-(\rho v^*A)_{I,j+1}] \qquad (6.31)\end{aligned}$$

$$\boxed{a_{I,J}p'_{I,J}=a_{I+1,J}p'_{I+1,J}+a_{I-1,J}p'_{I-1,J}+a_{I,J+1}p'_{I,J+1}+a_{I,J-1}p'_{I,J-1}+b'_{I,J}}$$

$a_{I+1,J}$	$a_{I-1,J}$	$a_{I,J+1}$	$a_{I,J-1}$	$b'_{I,J}$
$(\rho dA)_{i+1,J}$	$(\rho dA)_{i,J}$	$(\rho dA)_{I,j+1}$	$(\rho dA)_{I,j}$	$(\rho u^*A)_{i,J}-(\rho u^*A)_{i+1,J}+(\rho v^*A)_{I,j}-(\rho v^*A)_{I,j+1}$

The SIMPLE algorithm

- under-relaxation factor

$p^{new}=p^*+\alpha_p p'$ $\quad 0<\alpha_p<1$

$u^{new}=\alpha_u u+(1-\alpha_u)u^{(n-1)}$ $\quad 0<\alpha_u<1$

$v^{new}=\alpha_v v+(1-\alpha_v)v^{(n-1)}$ $\quad 0<\alpha_v<1$

- Algebraic form with under-relaxation factor

$$\frac{a_{i,J}}{\alpha_u}u_{i,J}=\sum a_{nb}u_{nb}+(p_{I-1,J}-p_{I,J})A_{i,J}+b_{i,J}+\left[(1-\alpha_u)\frac{a_{i,J}}{\alpha_u}\right]u^{(n-1)}_{i,J}$$

$$\frac{a_{I,j}}{\alpha_v}v_{I,j}=\sum a_{nb}v_{nb}+(p_{I,J-1}-p_{I,J})A_{I,j}+b_{I,j}+\left[(1-\alpha_v)\frac{a_{I,j}}{\alpha_v}\right]v^{(n-1)}_{I,j}$$

$$d_{i,J}=\frac{A_{i,J}\alpha_u}{a_{i,J}},\quad d_{i+1,J}=\frac{A_{i+1,J}\alpha_u}{a_{i+1,J}},\quad d_{I,j}=\frac{A_{I,j}\alpha_v}{a_{I,j}},\quad d_{I,j+1}=\frac{A_{I,j+1}\alpha_v}{a_{I,j+1}}$$

Essential for cost-effective simulation.

Too large value of α lead to oscillatory or even divergent iterative solution

Too small value of α will cause slow convergence

The value is flow dependent and case-by-case

The SIMPLE algorithm

- SIMPLE algorithm

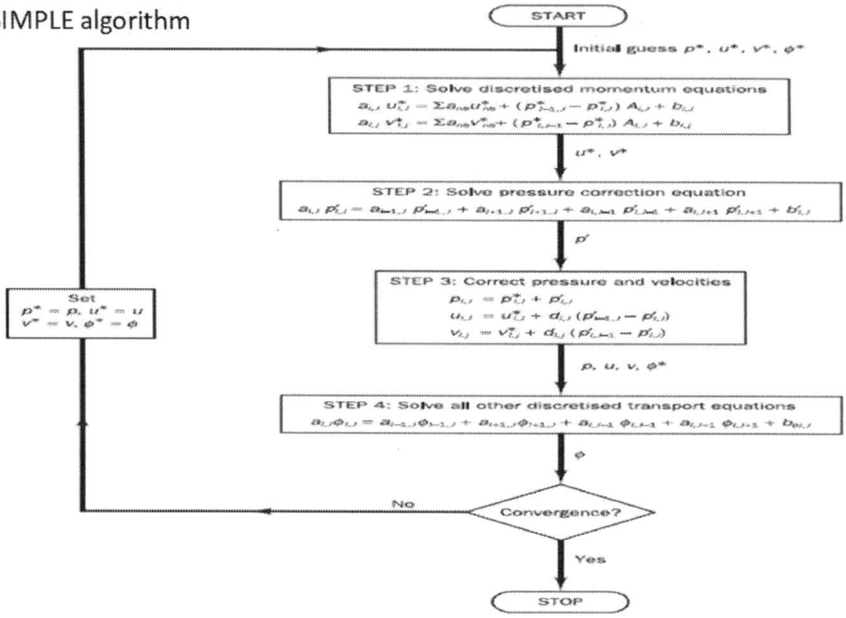

강 의 노 트

※ 1.

※ 2.

※ 3.

Example 6.1

Example 6.1 We consider the steady, one-dimensional flow of a constant-density fluid through a duct with constant cross-sectional area. We use the staggered grid shown in Figure 6.9, where the pressure p is evaluated at the main nodes I = A, B, C and D, whilst the velocity u is calculated at the backward staggered nodes i = 1, 2, 3 and 4.

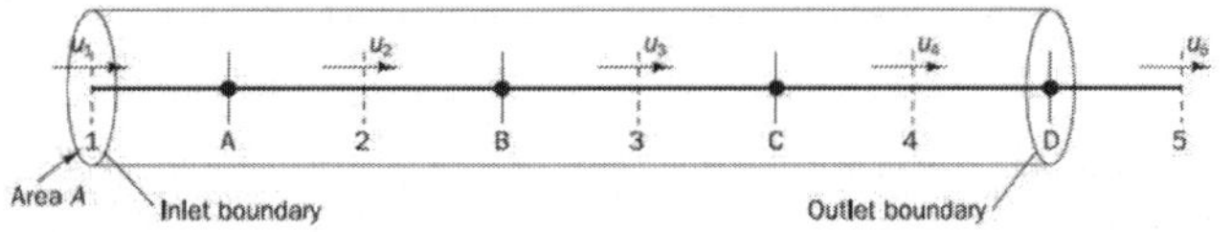

Problem data

The problem data are as follows:

- Density $\rho = 1.0\ kg/m^3$ is constant.
- Duct area A is constant.
- Multiplier d in equation (6.59) is assumed to be constant; we take $d = 1.0$.
- Boundary conditions: $u_1 = 10$ m/s and $p_D = 0$ Pa.
- Initial guessed velocity field: say $u_2^* = 8.0$ m/s, $u_3^* = 11.0$ m/s and $u_4^* = 7.0$ m/s.

Example 6.1

- As a starting point we assume that we have used a guessed pressure field p* in the momentum equation to obtain a guessed velocity field u*.
- The guess-and-corrector procedure,

$$u' = d(p'_I - p'_{I+1})$$
$$u = u^* + u'$$

$$u'_{i,J} = d_{i,J}(p'_{I-1,J} - p'_{I,J})$$
$$v'_{I,j} = d_{I,j}(p'_{I,J-1} - p'_{I,J})$$

- Use the SIMPLE algorithm and these problem data to calculate pressure corrections at nodes I=A to D and obtain the corrected velocity field at nodes i=2 to 4.
- We can expect that the velocity must be constant everywhere by continuity.
$u_2 = u_3 = u_4 = 10$m/s

Example 6.1

- A The pressure correction equation for this one-dimensional situation is equation (6.32):

$$a_P p'_P = a_W p'_W + a_E p'_E + b'$$

where $a_W = (\rho dA)_w$, $a_E = (\rho dA)_e$, $a_P = a_W + a_E$ and $b' = (\rho u^* A)_w - (\rho u^* A)_e$

Nodes B and C are internal nodes.

Node B

$$a_W = (\rho dA)_w = (\rho dA)_2 = 1.0 \times 1.0 \times A = 1.0A$$
$$a_E = (\rho dA)_e = (\rho dA)_3 = 1.0 \times 1.0 \times A = 1.0A$$
$$a_P = a_W + a_E = 1.0A + 1.0A = 2.0A$$
$$b' = (\rho u^* A)_w - (\rho u^* A)_e = (\rho u^* A)_2 - (\rho u^* A)_3$$
$$= (1.0 \times 8. \times A) - (1.0 \times 11. \times A) = -3.0A$$

The discretised pressure correction equation at node B is

$$(2.0A)p'_B = (1.0A)p'_A + (1.0A)p'_C + (-3.0A)$$

The area A cancels on the left and right hand sides, which yields

$$2p'_B = p'_A + p'_C - 3$$

Node C

$$a_W = (\rho dA)_w = (\rho dA)_3 = 1.0 \times 1.0 \times A = 1.0A$$
$$a_E = (\rho dA)_e = (\rho dA)_4 = 1.0 \times 1.0 \times A = 1.0A$$
$$a_P = a_W + a_E = 1.0A + 1.0A = 2.0A$$
$$b' = (\rho u^* A)_w - (\rho u^* A)_e = (\rho u^* A)_3 - (\rho u^* A)_4$$
$$= (1.0 \times 11. \times A) - (1.0 \times 7. \times A) = 4.0A$$

The discretised pressure correction equation at node C is

$$(2.0A)p'_C = (1.0A)p'_B + (1.0A)p'_D + (4.0A)$$
$$2p'_C = p'_B + p'_D + 4$$

Example 6.1

Node A

We cut the link to the west boundary side by setting the relevant coefficient to zero and introduce the appropriate flux, in this case the mass flow rate into the control volume through the boundary side, as a source term b'.

$$a_W = 0.0$$
$$a_E = (\rho dA)_e = (\rho dA)_2 = 1.0 \times 1.0 \times A = 1.0A$$
$$a_P = a_W + a_E = 0.0 + 1.0A = 1.0A$$
$$b' = (\rho u^* A)_w - (\rho u^* A)_e + (\rho u A)_{boundary} = -(\rho u^* A)_2 + (\rho u A)_1 =$$
$$= -(1.0 \times 8. \times A) + (1.0 \times 10. \times A)$$
$$= 2.0A$$

Note that the given velocity at node 1 has been used in the calculation of the additional source contribution to b'. Using the above we obtain the discretised pressure correction equation at node A as

$$(1.0A)p'_A = 0 + (1.0A)p'_B + (2.0A)$$
$$p'_A = p'_B + 2.0$$

Node D

The boundary condition at node D is fixed pressure $p_D = 0$. Since we know the pressure we do not need a pressure correction: hence at node D we have

$$p'_D = 0.$$

Thus we need to solve the following system of four equations for the four pressure corrections:

$$p'_A = p'_B + 2$$
$$2p'_B = p'_A + p'_C - 3$$
$$2p'_C = p'_B + p'_D + 4$$
$$p'_D = 0$$

Example 6.1

We use $p'_D = 0$ directly in the pressure correction equation for node C, which becomes

$$2p'_C = p'_B + 4$$

This leaves a system of three equations with three unknowns. In matrix form the pressure correction equations are

$$\begin{bmatrix} 1 & -1 & 0 \\ -1 & 2 & -1 \\ 0 & -1 & 2 \end{bmatrix} \begin{bmatrix} p'_A \\ p'_B \\ p'_C \end{bmatrix} = \begin{bmatrix} 2 \\ -3 \\ 4 \end{bmatrix}$$

Solution of this set of equations gives

$$p'_A = 4.0,\ p'_B = 2.0 \text{ and } p'_C = 3.0 \text{ (with } p'_D = 0 \text{ as before).}$$

We obtain corrected velocities by combining (6.59) with (6.60):

$$u = u^* + d(p'_I - p'_{I+1})$$

Substitution of the problem data and the computed values for p' yields

Velocity node 2: $u_2 = u_2^* + d(p'_A - p'_B) = 8.0 + 1.0 \times [4.0 - 2.0] = 10.0$ m/s

Velocity node 3: $u_3 = u_3^* + d(p'_B - p'_C) = 11.0 + 1.0 \times [2.0 - 3.0] = 10.0$ m/s

Velocity node 4: $u_4 = u_4^* + d(p'_C - p'_D) = 7.0 + 1.0 \times [3.0 - 0.0] = 10.0$ m/s

Example 6.1

- The guess-and-correct procedure gives the exact velocity field in a single iteration for very simple example

- In more general flow problems, the pressure and velocity fields are coupled, so the pressure correction equation must be solved along with the discretized momentum equation.

- Furthermore, the value d for the velocity corrections vary from node to node.

→ Next example.

The SIMPLER algorithm

- SIMPLER (SIMPLE Revised) algorithm by Patankar (1980)
  - Improved version of SIMPLE
  - The discretized continuity is used to derive a discretized equation of pressure, instead of a pressure correction equation in SIMPLE
  - The intermediate pressure field obtained directly without use of a correction
  - However, velocities are still obtained through velocity corrections of SIMPLE

The discretized momentum equations are rearranged as

$$u_{i,J} = \frac{\sum a_{nb}u_{nb} + b_{i,J}}{a_{i,J}} + \frac{A_{i,J}}{a_{i,J}}(p_{I-1,J} - p_{I,J}) \tag{6.38}$$

$$v_{I,j} = \frac{\sum a_{nb}v_{nb} + b_{I,j}}{a_{I,j}} + \frac{A_{I,j}}{a_{I,j}}(p_{I,J-1} - p_{I,J}) \tag{6.39}$$

In SIMPLER algorithm, pseudo velocity are defined as follows,

$$\hat{u}_{i,J} = \frac{\sum a_{nb}u_{nb} + b_{i,J}}{a_{i,J}} \qquad \hat{v}_{I,j} = \frac{\sum a_{nb}v_{nb} + b_{I,j}}{a_{I,j}}$$

Equations (6.38) and (6.39) can be written as

$$u_{i,J} = \hat{u}_{i,J} + d_{i,J}(p_{I-1,J} - p_{I,J}) \tag{6.42}$$

$$v_{I,j} = \hat{v}_{I,j} + d_{I,j}(p_{I,J-1} - p_{I,J}) \tag{6.43}$$

The SIMPLER algorithm

- SIMPLER (SIMPLE Revised) algorithm by Patankar (1980)

The discretized continuity equation

$$[(\rho uA)_{i+1,J} - (\rho uA)_{i,J}] + [(\rho vA)_{I,j+1} - (\rho vA)_{I,j}] = 0 \tag{6.29}$$

Equations (6.42) and (6.43) are substituted into equation (6.26)

$$\begin{aligned}&[\rho_{i+1,J}A_{i+1,J}(\hat{u}_{i+1,J} + d_{i+1,J}(p_{I,J} - p_{I+1,J})) - \rho_{i,J}A_{i,J}(\hat{u}_{i,J} \\ &\quad + d_{i,J}(p_{I-1,J} - p_{I,J}))] + [\rho_{I,j+1}A_{I,j+1}(\hat{v}_{I,j+1} + d_{I,j+1}(p_{I,J} - p_{I,J+1})) \\ &\quad - \rho_{I,j}A_{I,j}(\hat{v}_{I,j} + d_{I,j}(p_{I,J-1} - p_{I,J}))] = 0\end{aligned} \tag{6.44}$$

$$\boxed{a_{I,J}p_{I,J} = a_{I+1,J}p_{I+1,J} + a_{I-1,J}p_{I-1,J} + a_{I,J+1}p_{I,J+1} + a_{I,J-1}p_{I,J-1} + b_{I,J}} \tag{6.45}$$

where $a_{I,J} = a_{I+1,J} + a_{I-1,J} + a_{I,J+1} + a_{I,J-1}$ and the coefficients are given below:

$a_{I+1,J}$	$a_{I-1,J}$	$a_{I,J+1}$	$a_{I,J-1}$	$b_{I,J}$
$(\rho dA)_{i+1,J}$	$(\rho dA)_{i,J}$	$(\rho dA)_{I,j+1}$	$(\rho dA)_{I,j}$	$(\rho\hat{u}A)_{i,J} - (\rho\hat{u}A)_{i+1,J} + (\rho\hat{v}A)_{I,j} - (\rho\hat{v}A)_{I,j+1}$

Coefficient are the same as those in the discretized pressure correction equation (6.32) with the difference that the source term b is evaluated using pseudo-velocities.

The SIMPLER algorithm

- SIMPLER (SIMPLE Revised) algorithm by Patankar (1980)

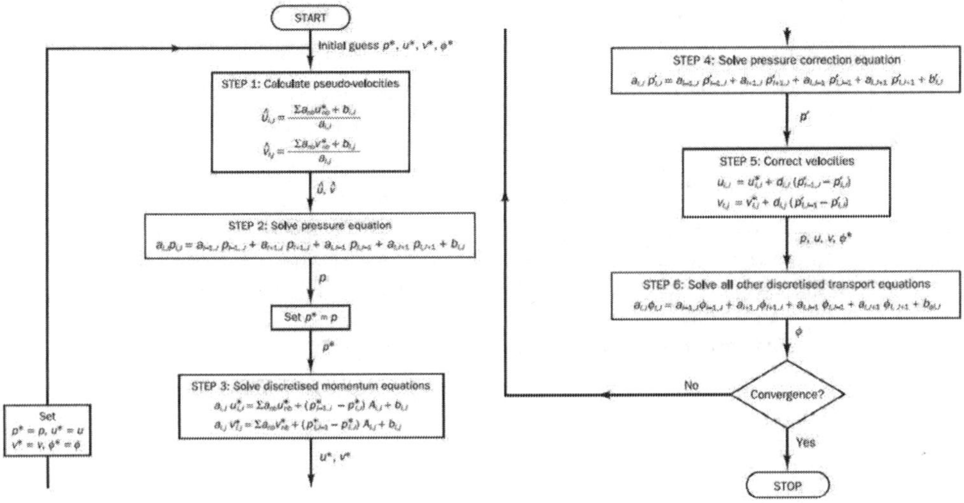

The SIMPLER algorithm

- Comparison between SIMPLE and SIMPLER

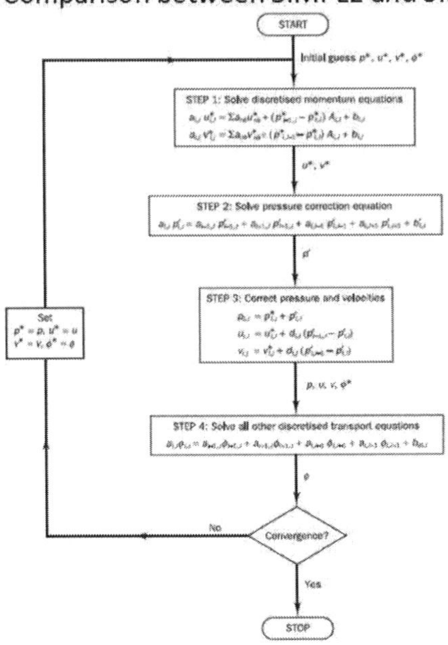

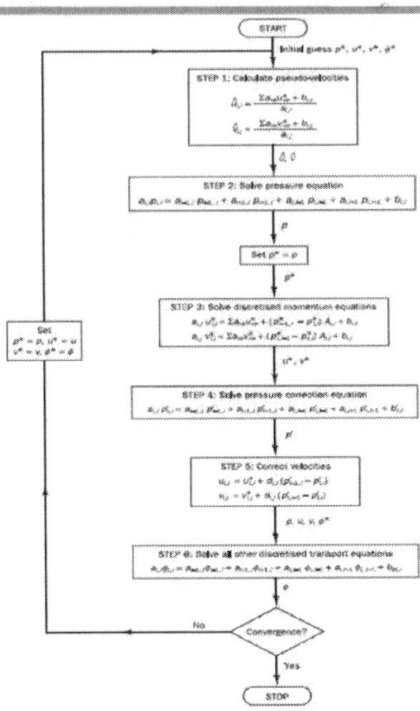

The SIMPLC algorithm

- SIMPLC (SIMPLE-Consistent) algorithm by Van Doormal and Raithby (1984)
  - Same steps as the SIMPLE algorithm
  - with the difference that the momentum equations are manipulated so that
  - SIMPLEC velocity correction equations omit terms that are less significant

$$u'_{i,J} = d_{i,J}(p'_{I-1,J} - p'_{I,J}) \qquad v'_{I,j} = d_{I,j}(p'_{I,J-1} - p'_{I,J})$$

$$\text{where } d_{i,J} = \frac{A_{i,J}}{a_{i,J} - \sum a_{nb}} \qquad \text{where } d_{I,j} = \frac{A_{I,j}}{a_{I,j} - \sum a_{nb}}$$

SIMPLEC

$$u'_{i,J} = d_{i,J}(p'_{I-1,J} - p'_{I,J})$$

$$v'_{I,j} = d_{I,j}(p'_{I,J-1} - p'_{I,J})$$

$$\text{where } d_{i,J} = \frac{A_{i,J}}{a_{i,J}} \text{ and } d_{I,j} = \frac{A_{I,j}}{a_{I,j}}$$

SIMPLE

The discretized pressure correction equation is the same as in SIMPLE, except that the d-term are calculated from above equations.
The sequence of operations of SIMPLEC is identical to that of SIMPLE.

강 의 노 트

※ 1.

※ 2.

※ 3.

The PISO algorithm

- PISO (Pressure Implicit with Splitting of Operators) algorithm by Issa (1986)
  - Non-iterative computation of unsteady compressible flow
  - adapted successfully for the iterative solution of steady problem
  - One predictor step and two corrector step

Predictor step

Discretized momentum equations are solved with a guessed or intermediate pressure field p* to give velocity u* and v* using the same as the SIMPLE algorithm

$$a_{i,J} u^*_{i,J} = \sum a_{nb} u^*_{nb} + (p^*_{I-1,J} - p^*_{I,J}) A_{i,J} + b_{i,J} \quad (1B)$$

$$a_{I,j} v^*_{I,j} = \sum a_{nb} v^*_{nb} + (p^*_{I,J-1} - p^*_{I,J}) A_{I,j} + b_{I,j} \quad (2B)$$

The PISO algorithm

- PISO (Pressure Implicit with Splitting of Operators) algorithm by Issa (1986)

Corrector step 1

u* and v* will not satisfy continuity equation unless p* is correct

$$p^{**} = p^* + p' \qquad u^{**}_{i,J} = u^*_{i,J} + d_{i,J}(p'_{I-1,J} - p'_{I,J})$$

$$u^{**} = u^* + u' \qquad v^{**}_{I,j} = v^*_{I,j} + d_{I,j}(p'_{I,J-1} - p'_{I,J})$$

$$v^{**} = v^* + v'$$

Above velocities are substituted into continuity equation

$$[(\rho u A)_{i+1,J} - (\rho u A)_{i,J}] + [(\rho v A)_{I,j+1} - (\rho v A)_{I,j}] = 0 \quad (6.29)$$

The first pressure correction equation

$$\boxed{a_{I,J} p'_{I,J} = a_{I+1,J} p'_{I+1,J} + a_{I-1,J} p'_{I-1,J} + a_{I,J+1} p'_{I,J+1} + a_{I,J-1} p'_{I,J-1} + b'_{I,J}} \quad (6.32)$$

The PISO algorithm

- PISO (Pressure Implicit with Splitting of Operators) algorithm by Issa (1986)

Corrector step 2

The discretized momentum equations for u** and v**

$$a_{i,J}u^{**}_{i,J}=\sum a_{nb}u^{*}_{nb}+(p^{**}_{I-1,J}-p^{**}_{I,J})A_{i,J}+b_{i,J} \qquad (6.12)$$

$$a_{I,j}v^{**}_{I,j}=\sum a_{nb}v^{*}_{nb}+(p^{**}_{I,J-1}-p^{**}_{I,J})A_{I,j}+b_{I,j} \qquad (6.13)$$

A twice-corrected velocity field (u***, v***) can be obtained by solving momentum eqs.

$$a_{i,J}u^{***}_{i,J}=\sum a_{nb}u^{**}_{nb}+(p^{***}_{I-1,J}-p^{***}_{I,J})A_{i,J}+b_{i,J} \qquad (6.52)$$

$$a_{I,j}v^{***}_{I,j}=\sum a_{nb}v^{**}_{nb}+(p^{***}_{I,J-1}-p^{***}_{I,J})A_{I,j}+b_{I,j} \qquad (6.53)$$

Subtraction of eq (6.12) from (6.52) and (6.13) from (6.53) gives

$$\boxed{u^{***}_{i,J}=u^{**}_{i,J}+\frac{\sum a_{nb}(u^{**}_{nb}-u^{*}_{nb})}{a_{i,J}}+d_{i,J}(p''_{I-1,J}-p''_{I,J})} \qquad (6.54)$$

$$\boxed{v^{***}_{I,J}=v^{**}_{I,j}+\frac{\sum a_{nb}(v^{**}_{nb}-v^{*}_{nb})}{a_{I,j}}+d_{I,j}(p''_{I,J-1}-p''_{I,J})} \qquad (6.55)$$

where p***=p**+p''

The PISO algorithm

- PISO (Pressure Implicit with Splitting of Operators) algorithm by Issa (1986)

Corrector step 2 - continued

Substitution of u*** and v*** in the discretized continuity equation (6.29)

$$\boxed{a_{I,J}p''_{I,J}=a_{I+1,J}p''_{I+1,J}+a_{I-1,J}p''_{I-1,J}+a_{I,J+1}p''_{I,J+1}+a_{I,J-1}p''_{I,J-1}+b''_{I,J}} \qquad (6.57)$$

with $a_{I,J}=a_{I+1,J}+a_{I-1,J}+a_{I,J+1}+a_{I,J-1}$, and the neighbour coefficients are as follows:

$a_{I+1,J}$	$a_{I-1,J}$	$a_{I,J+1}$	$a_{I,J-1}$	$b''_{I,J}$
$(\rho dA)_{i+1,J}$	$(\rho dA)_{i,J}$	$(\rho dA)_{I,j+1}$	$(\rho dA)_{I,j}$	$\left[\left(\frac{\rho A}{a}\right)_{i,J}\sum a_{nb}(u^{**}_{nb}-u^{*}_{nb})-\left(\frac{\rho A}{a}\right)_{i+1,J}\sum a_{nb}(u^{**}_{nb}-u^{*}_{nb})+\left(\frac{\rho A}{a}\right)_{I,j}\sum a_{nb}(v^{**}_{nb}-v^{*}_{nb})-\left(\frac{\rho A}{a}\right)_{I,j+1}\sum a_{nb}(v^{**}_{nb}-v^{*}_{nb})\right]$

Equation (6.57) is solved to obtain the second pressure correction field p''

$$\boxed{p^{***}=p^{**}+p''=p^{*}+p'+p''}$$

The PISO algorithm

- PISO (Pressure Implicit with Splitting of Operators) algorithm by Issa (1986)

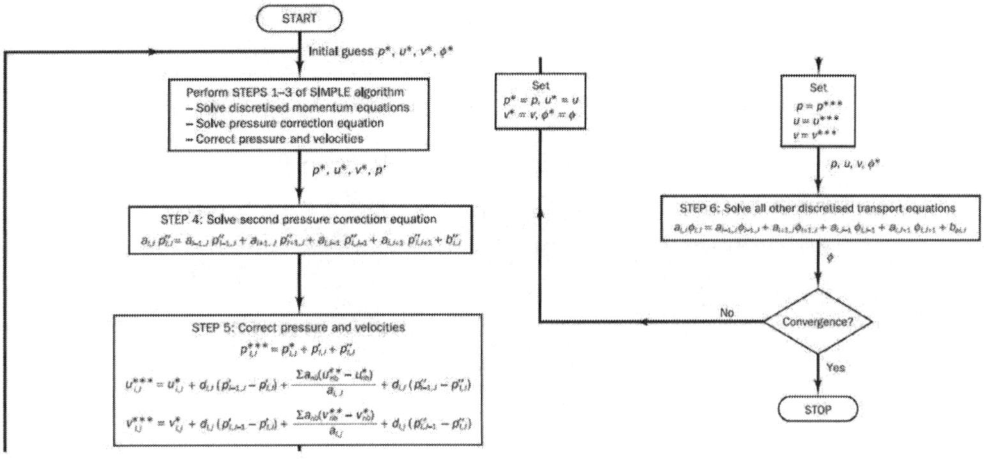

강 의 노 트

※ 1.

※ 2.

※ 3.

General comments

The SIMPLE algorithm is relatively straightforward and has been successfully implemented in numerous CFD procedures. The other variations of SIMPLE can produce savings in computational effort due to improved convergence. In SIMPLE, the pressure correction p' is satisfactory for correcting velocities but not so good for correcting pressure. Hence the improved procedure SIMPLER uses the pressure corrections to obtain velocity corrections only. A separate, more effective, pressure equation is solved to yield the correct pressure field. Since no terms are omitted to derive the discretised pressure equation in SIMPLER, the resulting pressure field corresponds to the velocity field. Therefore, in SIMPLER the application of the correct velocity field results in the correct pressure field, whereas it does not in SIMPLE. Consequently, the method is highly effective in calculating the pressure field correctly. This has significant advantages when solving the momentum equations. Although the number of calculations involved in SIMPLER is about 30% larger than that for SIMPLE, the fast convergence rate reportedly reduces the computer time by 30–50% (Anderson *et al.*, 1984). Further details of SIMPLE and its variants may be found in Patankar (1980).

SIMPLEC and PISO have proved to be as efficient as SIMPLER in certain types of flows but it is not clear whether it can be categorically stated that they are better than SIMPLER. Comparisons have shown that the performance of each algorithm depends on the flow conditions, the degree of coupling between the momentum equation and scalar equations (in combusting flows, for example, due to the dependence of the local density on concentration and temperature), the amount of under-relaxation used, and sometimes even on the details of the numerical technique used for solving the algebraic equations. A comprehensive comparison of PISO, SIMPLER and SIMPLEC methods for a variety of steady flow problems by Jang *et al.* (1986) showed that, for problems in which momentum equations are not coupled to a scalar variable, PISO showed robust convergence behaviour and required less computational effort than SIMPLER and SIMPLEC. It was also observed that when the scalar variables were closely linked to velocities, PISO had no significant advantage over the other methods. Iterative methods using SIMPLER and SIMPLEC have robust convergence characteristics in strongly coupled problems, and it could not be ascertained which of SIMPLER or SIMPLEC was superior.

강 의 노 트

※ 1.

※ 2.

※ 3.

Chapter 06.

Solution of Discretized Equations

Introduction

- Discretization equations results in the system of linear algebraic equations

- To solve linear algebraic equations, Ax=B

  Direct method : $x=A^{-1}B$, Cramer rule matrix inversion, Gaussian elimination
  N equations with N unknowns → N^3 order calculation,
  N^2 order coefficients memory storage

  Iterative method : Jacobi and Gauss Seidel point iterative method

강 의 노 트

※ 1.

※ 2.

※ 3.

TDMA

Tri-diagonal matrix algorithm (TDMA)
- Direct method for one-dimensional problem
- Iteratively, in line-by-line, to solve multi-dimensional problem

System of equations

$$\begin{aligned}
&\phi_1 &&= C_1 \quad (7.1a)\\
&-\beta_2\phi_1 + D_2\phi_2 - \alpha_2\phi_3 &&= C_2 \quad (7.1b)\\
&-\beta_3\phi_2 + D_3\phi_3 - \alpha_3\phi_4 &&= C_3 \quad (7.1c)\\
&-\beta_4\phi_3 + D_4\phi_4 - \alpha_4\phi_5 &&= C_4\\
&\quad\cdots &&= \cdot\\
&-\beta_n\phi_{n-1} + D_n\phi_n - \alpha_n\phi_{n+1} &&= C_n \quad (7.1n)\\
&\phi_{n+1} &&= C_{n+1} \quad (7.1n+1)
\end{aligned}$$

$\varphi_1 \sim \varphi_{n+1}$ are unknown

General form of equation is $-\beta_j\phi_{j-1} + D_j\phi_j - \alpha_j\phi_{j+1} = C_j$

Above equations can be rewritten

$$\phi_2 = \frac{\alpha_2}{D_2}\phi_3 + \frac{\beta_2}{D_2}\phi_1 + \frac{C_2}{D_2}$$

$$\phi_3 = \frac{\alpha_3}{D_3}\phi_4 + \frac{\beta_3}{D_3}\phi_2 + \frac{C_3}{D_3}$$

$$\phi_4 = \frac{\alpha_4}{D_4}\phi_5 + \frac{\beta_4}{D_4}\phi_3 + \frac{C_4}{D_4}$$

$$\vdots$$

$$\phi_n = \frac{\alpha_n}{D_n}\phi_{n+1} + \frac{\beta_n}{D_n}\phi_{n-1} + \frac{C_n}{D_n}$$

TDMA

Tri-diagonal matrix algorithm (TDMA)
- Forward elimination

$$\phi_2 = \frac{\alpha_2}{D_2}\phi_3 + \frac{\beta_2}{D_2}\phi_1 + \frac{C_2}{D_2} \qquad \phi_3 = \frac{\alpha_3}{D_3}\phi_4 + \frac{\beta_3}{D_3}\phi_2 + \frac{C_3}{D_3}$$

$$\phi_3 = \left(\frac{\alpha_3}{D_3 - \beta_3\frac{\alpha_2}{D_2}}\right)\phi_4 + \left[\frac{\beta_3\left(\frac{\beta_2}{D_2}\phi_1 + \frac{C_2}{D_2}\right) + C_3}{D_3 - \beta_3\frac{\alpha_2}{D_2}}\right]$$

If we let $A_2 = \frac{\alpha_2}{D_2}$ and $C_2' = \frac{\beta_2}{D_2}\phi_1 + \frac{C_2}{D_2}$

$$\phi_3 = \left(\frac{\alpha_3}{D_3 - \beta_3 A_2}\right)\phi_4 + \left(\frac{\beta_3 C_2' + C_3}{D_3 - \beta_3 A_2}\right)$$

$$A_3 = \frac{\alpha_3}{D_3 - \beta_3 A_2} \quad \text{and} \quad C_3' = \frac{\beta_3 C_2' + C_3}{D_3 - \beta_3 A_2}$$

$$\phi_3 = A_3\phi_4 + C_3'$$

Repeated up to the last equation

- Back-substitution

General form $\phi_j = A_j\phi_{j+1} + C_j'$

$$A_j = \frac{\alpha_j}{D_j - \beta_j A_{j-1}}$$

$$C_j' = \frac{\beta_j C_{j-1}' + C_j}{D_j - \beta_j A_{j-1}}$$

$A_{n+1} = 0$ and $C_{n+1}' = \phi_{n+1}$

φ_n

φ_{n-1}

$A_1 = 0$ and $C_1' = \phi_1$

0) Set up the algebraic equation
1) αj, βj, Dj and Cj calculation
3) From j=2, Aj and Cj' are calculated up to j=n
4) Using φ_{n+1}, calculate φ_n, φ_{n-1} .. in reverse order

TDMA

Tri-diagonal matrix algorithm (TDMA)
- Two dimensional problem

$$a_P \phi_P = a_W \phi_W + a_E \phi_E + a_S \phi_S + a_N \phi_N + b$$

North-south (n-s) lines

$$-a_S \phi_S + a_P \phi_P - a_N \phi_N = a_W \phi_W + a_E \phi_E + b$$

Right hand side is assumed to be temporarily known but not exact value

Move from west to east

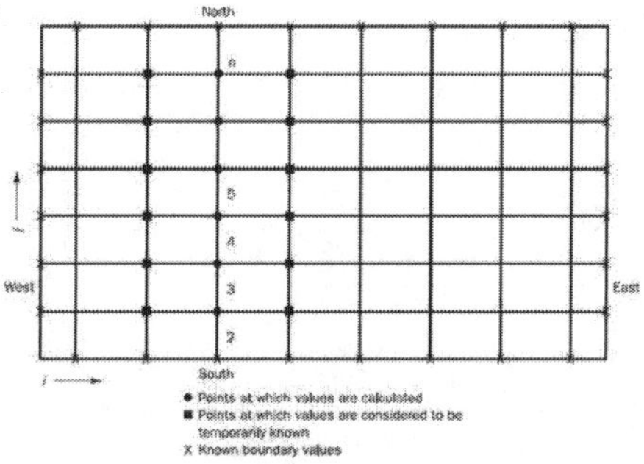

East-west (e-w) lines

Move from south to north

Iteration is required to get converged solutions

강 의 노 트

※ 1.

※ 2.

※ 3.

Ex. 7.5

The matrix equation found in section 4.3 was

$$\begin{bmatrix} 20 & -5 & 0 & 0 & 0 \\ -5 & 15 & -5 & 0 & 0 \\ 0 & -5 & 15 & -5 & 0 \\ 0 & 0 & -5 & 15 & -5 \\ 0 & 0 & 0 & -5 & 10 \end{bmatrix} \begin{bmatrix} \phi_1 \\ \phi_2 \\ \phi_3 \\ \phi_4 \\ \phi_5 \end{bmatrix} = \begin{bmatrix} 1100 \\ 100 \\ 100 \\ 100 \\ 100 \end{bmatrix}$$

The general form of the equation used in the TDMA is

$$-\beta_j \phi_{j-1} + D_j \phi_j - \alpha_j \phi_{j+1} = C_j$$

Node	β_j	D_j	α_j	C_j	A_j	C'_j
1	0	20	5	1100	0.25	55
2	5	15	5	100	0.3636	27.2727
3	5	15	5	100	0.3793	17.9308
4	5	15	5	100	0.3816	14.4735
5	5	10	0	100	0.00	21.3009

$$A_j = \frac{\alpha_j}{D_j - \beta_j A_{j-1}} \qquad C'_j = \frac{\beta_j C'_{j-1} + C_j}{D_j - \beta_j A_{j-1}}$$

$$A_1 = \frac{5}{(20-0)} = 0.25 \qquad C'_1 = \frac{0 + 1100}{(20-0)} = 55$$

$$A_2 = \frac{5}{(15 - 5 \times 0.25)} = 0.3636 \qquad C'_2 = \frac{5 \times 55 + 100}{(15 - 5 \times 0.25)} = 27.2727$$

$$A_3 = \frac{5}{(15 - 5 \times 0.3636)} = 0.3793 \qquad C'_3 = \frac{5 \times 27.2727 + 100}{(15 - 5 \times 0.3636)} = 17.9308$$

$$A_4 = \frac{5}{(15 - 5 \times 0.3793)} = 0.3816 \qquad C'_4 = \frac{5 \times 17.9308 + 100}{(15 - 5 \times 0.3793)} = 14.4735$$

$$A_5 = 0 \qquad C'_5 = \frac{5 \times 14.4735 + 100}{(10 - 5 \times 0.3816)} = 21.3009$$

Ex. 7.5

The matrix equation found in section 4.3 was

$$\begin{bmatrix} 20 & -5 & 0 & 0 & 0 \\ -5 & 15 & -5 & 0 & 0 \\ 0 & -5 & 15 & -5 & 0 \\ 0 & 0 & -5 & 15 & -5 \\ 0 & 0 & 0 & -5 & 10 \end{bmatrix} \begin{bmatrix} \phi_1 \\ \phi_2 \\ \phi_3 \\ \phi_4 \\ \phi_5 \end{bmatrix} = \begin{bmatrix} 1100 \\ 100 \\ 100 \\ 100 \\ 100 \end{bmatrix}$$

The general form of the equation used in the TDMA is

$$-\beta_j \phi_{j-1} + D_j \phi_j - \alpha_j \phi_{j+1} = C_j$$

Solution with the back-substitution formula (7.6a), $\phi_j = A_j \phi_{j+1} + C'_j$, gives

$$\phi_5 = 0 + 21.30 = 21.30$$

$$\phi_4 = 0.3816 \times 21.30 + 14.4735 = 22.60$$

$$\phi_3 = 0.3793 \times 22.60 + 17.9308 = 26.50$$

$$\phi_2 = 0.3636 \times 26.50 + 27.2727 = 36.91$$

$$\phi_1 = 0.25 \times 36.91 + 55 = 64.23$$

MATLAB

```
>> A=[20, -5, 0, 0, 0; -5,15,-5,0,0;0,-5,15,-5,0;0,0,-5,15,-5;0,0,0,-5,10]

A =

    20    -5     0     0     0
    -5    15    -5     0     0
     0    -5    15    -5     0
     0     0    -5    15    -5
     0     0     0    -5    10

>> B=[1100;100;100;100;100]

B =

        1100
         100
         100
         100
         100

>> inv(A)*B

ans =

   64.2276
   36.9106
   26.5041
   22.6016
   21.3008
```

Point-iterative methods

Example

$$\begin{aligned} 2x_1 &+ x_2 &+ x_3 &= 7 \\ -x_1 &+ 3x_2 &- x_3 &= 2 \\ x_1 &- x_2 &+ 2x_3 &= 5 \end{aligned} \quad \Rightarrow \quad \begin{aligned} x_1 &= (7 - x_2 - x_3)/2 \\ x_2 &= (2 + x_1 + x_3)/3 \\ x_3 &= (5 - x_1 + x_2)/2 \end{aligned}$$

x1, x2 and x3 are unknowns

The system of equations can be solved **iteratively** by **substituting a set of guessed initial values**

One condition for the iteration process to be convergent is that the matrix should be diagonally dominant

Point-iterative methods

Jacobi iteration method

1. Initial guess, $x_1^0=x_2^0=x_3^0=0.0$
2. Solve the system of equations iteratively until convergence solution.

General procedure

$$\sum_{j=1}^{n} a_{ij}x_j = b_i \qquad a_{ii}x_i = b_i - \sum_{\substack{j=1 \\ j\neq i}}^{n} a_{ij}x_j \quad (i = 1, 2, \ldots, n)$$

$$\boxed{x_i^{(k)} = \sum_{\substack{j=1 \\ j\neq i}}^{n} \left(\frac{-a_{ij}}{a_{ii}}\right) x_j^{(k-1)} + \frac{b_i}{a_{ii}}} \quad (i = 1, 2, \ldots, n)$$

Iteration equation for Jacobi method

$$\begin{aligned} x_1 &= (7 - x_2 - x_3)/2 \\ x_2 &= (2 + x_1 + x_3)/3 \\ x_3 &= (5 - x_1 + x_2)/2 \end{aligned}$$

	0	1	2	3	4	5	6	7	8	9	10	11	12	13	14	15	16	17
x1	0	3.5	1.9167	1.625	1.2292	1.1563	1.0573	1.0391	1.0143	1.0098	1.0036	1.0024	1.0009	1.0006	1.0002	1.0002	1.0001	1
x2	0	0.6667	2.6667	1.6667	2.1667	1.9167	2.0417	1.9792	2.0104	1.9948	2.0026	1.9987	2.0007	1.9997	2.0002	1.9999	2	2
x3	0	2.5	1.0833	2.875	2.5208	2.9688	2.8802	2.9922	2.9701	2.998	2.9925	2.9995	2.9981	2.9999	2.9995	3	2.9999	3
		Residua	5	3.0833	1.25	0.7708	0.3125	0.1927	0.0781	0.0482	0.0195	0.012	0.0049	0.003	0.0012	0.0008	0.0003	0.0002

Point-iterative methods

Gauss-Seidel iteration method
The right hand side is evaluated using the results of the present iteration level instead of previous iteration level (Jacobi method)

General procedure

$$x_i^{(k)} = \sum_{j=1}^{i-1} \left(\frac{-a_{ij}}{a_{ii}} \right) x_j^{(k)} + \sum_{j=i+1}^{n} \left(\frac{-a_{ij}}{a_{ii}} \right) x_j^{(k-1)} + \frac{b_i}{a_{ii}} \qquad (i = 1, 2, \ldots, n)$$

Iteration equation for Gauss-Seidel method

$$x_i^{(k)} = \sum_{\substack{j=1 \\ j \neq i}}^{n} \left(\frac{-a_{ij}}{a_{ii}} \right) x_j^{(k-1)} + \frac{b_i}{a_{ii}} \qquad (i = 1, 2, \ldots, n)$$

Iteration equation for Jacobi method

	0	1	2	3	4	5	6	7	8	9	10	11	12	13
x1	0	3.5	1.75	1.3333	1.1181	1.0475	1.0177	1.0069	1.0026	1.001	1.0004	1.0001	1.0001	1
x2	0	1.8333	1.8056	1.9537	1.9761	1.9922	1.9967	1.9988	1.9995	1.9998	1.9999	2	2	2
x3	0	1.6667	2.5278	2.8102	2.929	2.9724	2.9895	2.9959	2.9984	2.9994	2.9998	2.9999	3	3
		Residua	2.6389	0.8472	0.3565	0.13	0.0514	0.0194	0.0075	0.0029	0.0011	0.0004	0.0002	6E-05

Point-iterative methods

Relaxation method

$$x_i^{(k)} = x_i^{(k-1)} + \alpha \left[\sum_{j=1}^{n} \left(\frac{-a_{ij}}{a_{ii}} \right) x_j^{(k-1)} + \frac{b_i}{a_{ii}} \right] \qquad (i = 1, 2, \ldots, n) \qquad (7.23)$$

$$x_i^{(k)} = \sum_{\substack{j=1 \\ j \neq i}}^{n} \left(\frac{-a_{ij}}{a_{ii}} \right) x_j^{(k-1)} + \frac{b_i}{a_{ii}} \qquad (i = 1, 2, \ldots, n)$$

Iteration equation for Jacobi method

α : Relaxation parameter
$0<\alpha<1$: under-relaxation, $\alpha>1$: over-relaxation

Relaxation parameter α changes the iteration path without changing the final solution.

The optimum value of the relaxation parameter is problem and mesh dependent and it is difficult to give global optimized value.

Refer to successive over-relaxation(SOR) technique

Multigrid technique

- The discretization error reduces with the mesh spacing. → The finer the mesh, the better the accuracy of a CFD simulation.
- Iterative techniques are preferred over direct methods because their storage overheads are lower.
- In iterative method, there is no need to obtain very accurate intermediate solution, as long as the iteration process eventually converged to the true solution
- Unfortunately, the convergence rate of iterative method rapidly reduces as the mesh is refined.

$$r_i^{(k)} = b_i - \sum_{j=1}^{n} a_{ij} x_j^{(k)} \qquad \bar{r} = \frac{1}{n}\sum_{i=1}^{n} |r_i|$$

Residual = true solution – intermediate solution

Lid-driven cavity problem

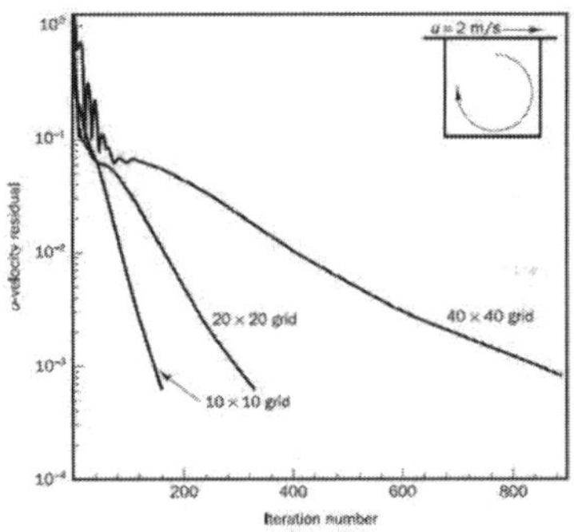

Multigrid technique

- Concept : iterations on meshes of different size at given original mesh.
  Step 1 : Fine grid iteration
  Step 2 : Restriction
  Fine solutions are transferred onto a coarse mesh
  Step 3 : Prolongation
  Coarse mesh solution is interpolated into fine mesh
  Step 4 : Correction and final iteration

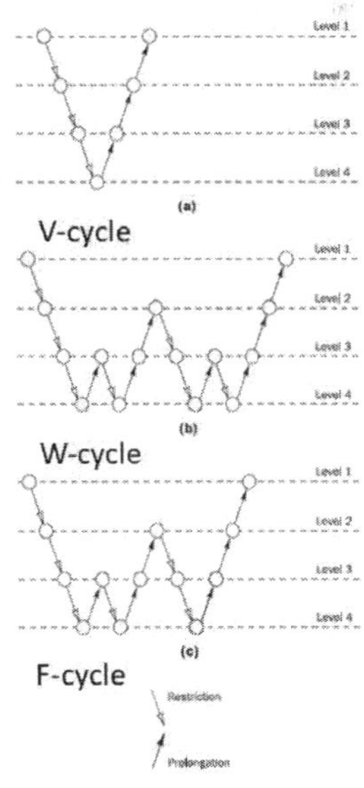

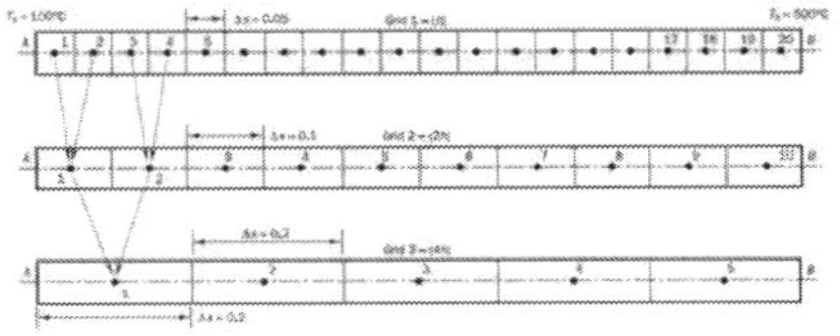

Example

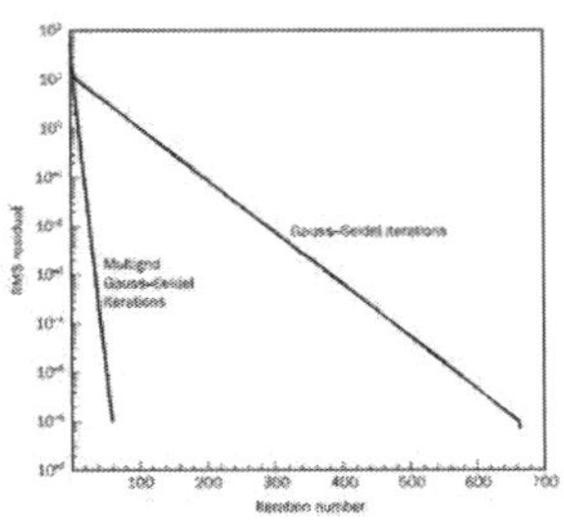

Chapter 07.

The Finite Volume Method for Unsteady Flows

에듀컨텐츠·휴피아
Educontents·Huepia

Introduction

- For steady flow, the first term (unsteady term) is zero.
- To predict transient problems, the first term should be retained in the discretization process.
- More integration over a finite time step Δt

$$\frac{\partial}{\partial t}(\rho\phi) + \mathrm{div}(\rho\mathbf{u}\phi) = \mathrm{div}(\Gamma\ \mathrm{grad}\ \phi) + S_\phi$$

$$\int_{CV}\left(\int_t^{t+\Delta t}\frac{\partial}{\partial t}(\rho\phi)\,dt\right)dV + \int_t^{t+\Delta t}\left(\int_A \mathbf{n}\,.\,(\rho\mathbf{u}\phi)dA\right)dt$$
$$= \int_t^{t+\Delta t}\left(\int_A \mathbf{n}\,.\,(\Gamma\ \mathrm{grad}\ \phi)dA\right)dt + \int_t^{t+\Delta t}\int_{CV} S_\phi\,dV\,dt$$

Introduction

- Steady and unsteady simulation

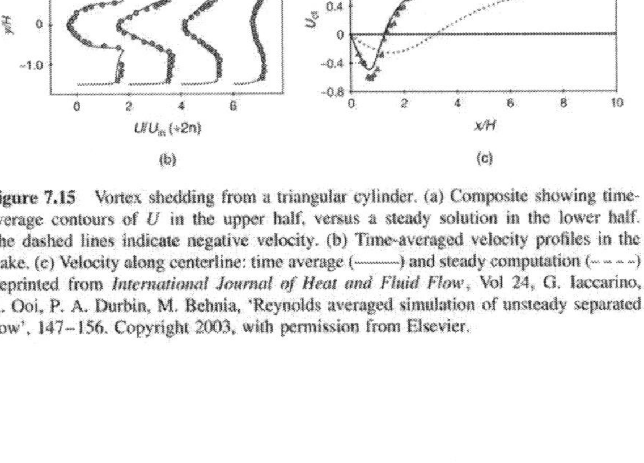

Figure 7.15 Vortex shedding from a triangular cylinder. (a) Composite showing time-average contours of U in the upper half, versus a steady solution in the lower half. The dashed lines indicate negative velocity. (b) Time-averaged velocity profiles in the wake. (c) Velocity along centerline: time average (———) and steady computation (- - - -) Reprinted from *International Journal of Heat and Fluid Flow*, Vol 24, G. Iaccarino, A. Ooi, P. A. Durbin, M. Behnia, 'Reynolds averaged simulation of unsteady separated flow', 147–156. Copyright 2003, with permission from Elsevier.

One-dimensional unsteady heat conduction

- Unsteady one-dimensional heat conduction governing equation

$$\rho c \frac{\partial T}{\partial t} = \frac{\partial}{\partial x}\left(k \frac{\partial T}{\partial x}\right) + S$$

c : specific heat of the material (J/kg k)

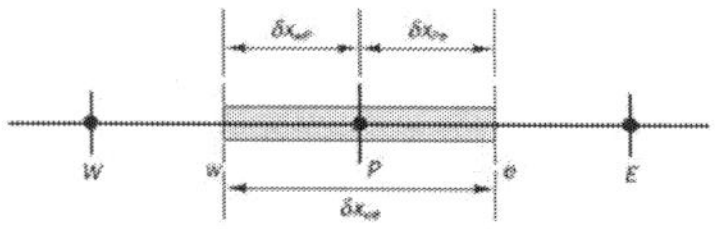

$$\int_t^{t+\Delta t} \int_{CV} \rho c \frac{\partial T}{\partial t} dV\, dt = \int_t^{t+\Delta t} \int_{CV} \frac{\partial}{\partial x}\left(k \frac{\partial T}{\partial x}\right) dV\, dt + \int_t^{t+\Delta t} \int_{CV} S\, dV\, dt$$

$$\int_w^e \left[\int_t^{t+\Delta t} \rho c \frac{\partial T}{\partial t} dt\right] dV = \int_t^{t+\Delta t} \left[\left(kA\frac{\partial T}{\partial x}\right)_e - \left(kA\frac{\partial T}{\partial x}\right)_w\right] dt + \int_t^{t+\Delta t} \bar{S}\Delta V\, dt$$

$$\int_{CV} \left[\int_t^{t+\Delta t} \rho c \frac{\partial T}{\partial t} dt\right] dV = \rho c (T_P - T_P^o)\Delta V$$

o : refer to temperature at time t

$\partial T/\partial t = (T_P - T_P^0)/\Delta t$: first-order(backward) differencing scheme

$$\rho c (T_P - T_P^o)\Delta V = \int_t^{t+\Delta t} \left[\left(k_e A \frac{T_E - T_P}{\delta x_{PE}}\right) - \left(k_w A \frac{T_P - T_W}{\delta x_{WP}}\right)\right] dt + \int_t^{t+\Delta t} \bar{S}\Delta V\, dt$$

Right hand side term ?

One-dimensional unsteady heat conduction

- Unsteady one-dimensional heat conduction governing equation

Generalize right hand side term by means of a weighting parameter θ between 0 and 1

$$I_T = \int_t^{t+\Delta t} T_P\, dt = [\theta T_P + (1-\theta)T_P^o]\Delta t$$

θ	0	1/2	1
I_T	$T_P^o \Delta t$	$\frac{1}{2}(T_P + T_P^o)\Delta t$	$T_P \Delta t$

θ=0 : temperature at old time level t

θ=1 : temperature at new time level t+Δt

θ=1/2 : temperature at t and t+Δt equally weighted

$$\rho c \left(\frac{T_P - T_P^o}{\Delta t}\right)\Delta x = \theta\left[\frac{k_e(T_E - T_P)}{\delta x_{PE}} - \frac{k_w(T_P - T_W)}{\delta x_{WP}}\right] + (1-\theta)\left[\frac{k_e(T_E^o - T_P^o)}{\delta x_{PE}} - \frac{k_w(T_P^o - T_W^o)}{\delta x_{WP}}\right] + \bar{S}\Delta x$$

$$\Rightarrow \left[\rho c \frac{\Delta x}{\Delta t} + \theta\left(\frac{k_e}{\delta x_{PE}} + \frac{k_w}{\delta x_{WP}}\right)\right] T_P = \frac{k_e}{\delta x_{PE}}[\theta T_E + (1-\theta)T_E^o] + \frac{k_w}{\delta x_{WP}}[\theta T_W + (1-\theta)T_W^o] + \left[\rho c \frac{\Delta x}{\Delta t} - (1-\theta)\frac{k_e}{\delta x_{PE}} - (1-\theta)\frac{k_w}{\delta x_{WP}}\right] T_P^o + \bar{S}\Delta x$$

$$a_P T_P = a_W[\theta T_W + (1-\theta)T_W^o] + a_E[\theta T_E + (1-\theta)T_E^o] + [a_P^o - (1-\theta)a_W - (1-\theta)a_E]T_P^o + b$$

$$a_P = \theta(a_W + a_E) + a_P^o$$

$$a_P^o = \rho c \frac{\Delta x}{\Delta t}$$

a_W	a_E	b
$\frac{k_w}{\delta x_{WP}}$	$\frac{k_e}{\delta x_{PE}}$	$\bar{S}\Delta x$

Explicit scheme

- $\theta=0$, T_P^0, T_W^0 and T_E^0 at old time level are used: Explicit scheme
- $0<\theta<=1$, temperature at new time level is used : Implicit scheme
- $\theta=1$, fully implicit and $\theta=1/2$, Crank-Nicolson scheme

- $\theta=0$

The source term linearlized as $b=S_u+S_pT_P^0$

$$a_PT_P = a_WT_W^o + a_ET_E^o + [a_P^o - (a_W + a_E - S_p)]T_P^o + S_u$$

$$a_P = a_P^o \qquad a_P^o = \rho c\frac{\Delta x}{\Delta t}$$

a_W	a_E
$\frac{k_w}{\delta x_{WP}}$	$\frac{k_e}{\delta x_{PE}}$

Right hand side only contains values at the old time step → Left hand side can be calculated by forward marching in time → No need of linear algebra solver

For stable condition, $a_P^0-a_W-a_E > 0$ should be satisfied. This inequality set a stringent maximum limit to the time step → It's very expensive criteria.

$$\rho c\frac{\Delta x}{\Delta t} > \frac{2k}{\Delta x} \Rightarrow \Delta t < \rho c\frac{(\Delta x)^2}{2k}$$

강 의 노 트

※ 1.

※ 2.

※ 3.

Crank-Nicolson scheme

- θ=1/2, Crank-Nicolson scheme

The source term linearlized as $b=S_u+1/2S_pT_P+1/2S_pT_P^0$

$$a_PT_P = a_E\left[\frac{T_E+T_E^o}{2}\right] + a_W\left[\frac{T_W+T_W^o}{2}\right] + \left[a_P^o - \frac{a_E}{2} - \frac{a_W}{2}\right]T_P^o + S_u + \frac{1}{2}S_pT_P^o$$

$$a_P = \frac{1}{2}(a_W + a_E) + a_P^o - \frac{1}{2}S_p$$

$$a_P^o = \rho c\frac{\Delta x}{\Delta t}$$

a_W	a_E
$\frac{k_w}{\delta x_{WP}}$	$\frac{k_e}{\delta x_{PE}}$

1/2<=θ<=1, unconditionally stable

But for all coefficients are positive, $\Delta t < \rho c\frac{\Delta x^2}{k}$. This time step limitation is slightly less restrictive than explicit method.

Crank-Nicolson method is based on central differencing and hence it is second-order accurate.

강 의 노 트

※ 1.

※ 2.

※ 3.

Fully implicit scheme

- θ=1, Fully implicit scheme

The source term linearlized as $b=S_u+S_pT_P$

$$a_PT_P = a_WT_W + a_ET_E + a_P^oT_P^o + S_u$$

$$a_P = a_P^o + a_W + a_E - S_p$$

$$a_P^o = \rho c \frac{\Delta x}{\Delta t}$$

a_W	a_E
$\frac{k_w}{\delta x_{WP}}$	$\frac{k_e}{\delta x_{PE}}$

Both sides of the equation contain temperatures at the new time step, and a system of algebraic equations should be solved at each time level.

All coefficients are positive, which make the implicit scheme unconditionally stable for any size of time step.

This method is recommended because of its robustness and unconditional stability.

강 의 노 트

※ 1.

※ 2.

※ 3.

Solution procedure for unsteady flow

- Transient SIMPLE

Continuity equation in a transient two-dimensional flow

$$\frac{\partial \rho}{\partial t}+\frac{\partial(\rho u)}{\partial x}+\frac{\partial(\rho v)}{\partial y}=0$$

$$\frac{(\rho_P-\rho_P^o)}{\Delta t}\Delta V+[(\rho uA)_e-(\rho uA)_w]+[(\rho uA)_n-(\rho uA)_s]=0$$

Pressure correction equation contain terms of its transient behavior

$$a_{I,J}p'_{I,J}=a_{I+1,J}p'_{I+1,J}+a_{I-1,J}p'_{I-1,J}+a_{I,J+1}p'_{I,J+1}+a_{I,J-1}p'_{I,J-1}+b'_{I,J}$$

$$b'_{I,J}=(\rho u^*A)_{i,J}-(\rho u^*A)_{i+1,J}+(\rho v^*A)_{I,j}-(\rho v^*A)_{I,j+1}+\frac{(\rho_P^o-\rho_P)\Delta V}{\Delta t}$$

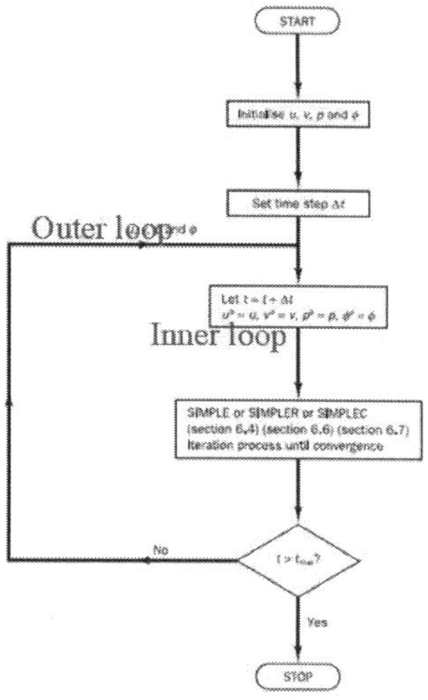

The time stepping procedure requires an extra loop outside the main iteration cycle of SIMPLE

Solution procedure for unsteady flow

- Transient PISO

The PISO algorithm is a non-iterative transient calculation procedure.
It relies on the temporal accuracy gained by the discretization process. In the transient algorithm all time dependent terms are retained in the momentum and continuity equations. This gives an additional terms to the momentum and pressure correction equations.

- add $a_P^o=\rho_P^o\Delta V/\Delta t$ to the central coefficients of the discretised u- and v-momentum equations (6.12)–(6.13) and (6.52)–(6.53) respectively
- add $a_P^o u_P^o$ and $a_P^o v_P^o$ to the source terms of the u- and v-momentum equations
- add $(\rho_P^o-\rho_P)\Delta V/\Delta t$ to the source term of both the first and second discretised pressure correction equations

Otherwise the basic equations and steps are the same with steady case.

Since the algorithm relies on the higher-order temporal accuracy gained by the splitting techniques, small time steps are recommended to ensure accuracy results.

PISO method does not require iteration within a time level, it is less expensive than the implicit SIMPLE algorithm.

Pseudo transient approach

- Steady state calculation using the pseudo transient approach

In chapter 6, under-relaxation is necessary to stabilize the iterative process for steady state solution The under-relaxed form of 2D u-momentum eq

$$\frac{a_{i,J}}{\alpha_u}u_{i,J} = \sum a_{nb}u_{nb} + (p_{I-1,J} - p_{I,J})A_{i,J} + b_{i,J} + \left[(1-\alpha_u)\frac{a_{i,J}}{\alpha_u}\right]u_{i,J}^{(n-1)} \quad (1)$$

Compare with transient (implicit) u-momentum equation

$$\left(a_{i,J} + \frac{\rho_{i,J}^{o}\Delta V}{\Delta t}\right)u_{i,J} = \sum a_{nb}u_{nb} + (p_{I-1,J} - p_{I,J})A_{i,J} + b_{i,J} + \frac{\rho_{i,J}^{o}\Delta V}{\Delta t}u_{i,J}^{o} \quad (2)$$

n-1 in eq(1) indicates the previous iteration and 0 in eq(2) represent the previous time level.

$$(1-\alpha_u)\frac{a_{i,J}}{\alpha_u} = \frac{\rho_{i,J}^{o}\Delta V}{\Delta t}$$

Steady state calculation may be interpreted as pseudo-transient solution with spatially varying time steps.

Pseudo-transient approach is useful for situations in which governing eqs give rise to stability problems, eq. buoyant flow, highly swirling flow and compressible flow with shocks.

강 의 노 트

※ 1.

※ 2.

※ 3.

Summary

Table 8.6

Scheme	*Stability*	*Accuracy*	*Positive coefficient criterion*
Explicit	Conditionally stable	First-order	$\Delta t < \dfrac{\rho(\Delta x)^2}{2\Gamma}$
Crank–Nicolson	Unconditionally stable	Second-order	$\Delta t < \dfrac{\rho(\Delta x)^2}{\Gamma}$
Implicit	Unconditionally stable	First-order	Always positive

- For robust general-purpose transient CFD calculations the implicit scheme is recommended. The unconditional stability of this and the Crank–Nicolson scheme is, however, bought at the price of having to solve a system of equations at each time level. In two- and three-dimensional calculations this requires intermediate iterative stages.
- The (fully implicit) transient discretisation equations for diffusion and convection–diffusion are practically the same as those of steady problems apart from minor changes to the central coefficient a_P and the source term b_P:

$$a_P^{(t)} = a_P^{(s)} + a_P^o \text{ and } b_P^{(t)} = b_P^{(s)} + a_P^o \phi_P^o \text{ with } a_P^o = \rho_P^o \Delta V / \Delta t$$

The superscript (t) refers to the transient form and (s) to the steady form.

- In addition to the above modifications to the momentum equations in SIMPLE its pressure correction equation also requires an addition of $(\rho_P^o - \rho_P)\Delta V/\Delta t$ to the source term b_P. The time-stepping procedure creates an extra loop outside the main iteration cycles of SIMPLE.
- The time accuracy of the second corrector step of PISO makes it very attractive for non-iterative transient calculations.
- The similarity between the under-relaxed iterative solution and the pseudo-transient solution was highlighted. The pseudo-transient strategy has been widely used to combat stability problems in flows with complex physics.

강 의 노 트

※ 1.

※ 2.

※ 3.

Chapter 08.

Errors and Uncertainty in CFD Modelling

에듀컨텐츠·휴피아
ECH Educontents·Huepia

Error and uncertainty in CFD

- CFD can be applied to design, development of engineering items in a wide range of industries.
- This has focused attention on "value of money"
- Inaccurate CFD results are wasted time, money and effort.
- Cost of CFD
    - capital cost of computing equipment
    - software license and salary of CFD specialists
    - maintenance of computing equipment and provision of information resources to support CFD activity

Error and uncertainty in CFD

- Error : a recognizable deficiency in a CFD model
    1) numerical error – roundoff error, iterative convergence error, discretization errors
    2) coding errors – mistake or bugs in the software
    3) user errors – human errors through incorrect use of software
- Uncertainty : a potential deficiency in a CFD model that is caused by lack of knowledge
    1) Input uncertainty : inaccuracies due to limited information or approximate representation of geometry, boundary conditions, material properties etc.
    2) Physical model uncertainty : discrepancies between real flow and CFD due to inadequate representation of physical or chemical process (turbulence, combustion) or due to simplifying assumption in modelling process (incompressible flow, steady flow)

Guideline for best practice in CFD : NASA turbulence modeling resource,
ERCOFTAC(European Research Community on Flow, Turbulence and Combustion)

Numerical errors

- CFD solves system of non-linear partial differential equations in discretized form on meshes of finite time steps and finite control volume that cover region of interest and its boundaries
    - Roundoff error
    - Iterative convergence error
    - Discretization error

- Roundoff error
    - Results of the computational representation of real numbers by means of a finite number of significant digits, which is termed the machine accuracy
    - Careful arrangement of floating-point arithmetic operations
    - Single precision/double precision
- Discretization error
    - Temporal and spatial derivatives are approximated in the FVM.
    - Related with truncation of a Taylor series
    - Neglection of higher order terms which gives rise to error in CFD

Numerical errors

- Iterative convergence error

Discretised equation for general flow variable φ at mesh cell I

$$(a_P\phi_P)_i = \left(\sum_{nb} a_{nb}\phi_{nb}\right)_i + b_i \quad (10.1)$$

where subscript *i* indicates the control volume

Local Residual R_i^{φ}

$$(R_i^{\phi})^{(k)} = \left| \left(\sum_{nb} a_{nb}\phi_{nb}\right)_i^{(k)} + b_i^{(k)} - (a_P\phi_P)_i^{(k)} \right| \quad (10.2)$$

where superscript (*k*) indicates the current iteration count

Convergence behavior across the whole flow field

$$(\hat{R}^{\phi})^{(k)} = \sum_{i=1}^{M} (R_i^{\phi})^{(k)} = \sum_{i=1}^{M} \left| \left(\sum_{nb} a_{nb}\phi_{nb}\right)_i^{(k)} + b_i^{(k)} - (a_P\phi_P)_i^{(k)} \right| \quad (10.3)$$

As we get closer to the final solution, the global residual decreases.

Numerical errors

- Iterative convergence error

The global residual depend on the magnitude of flow variable
(for example, u~O(10), P~(10^5))

Normalized global residual

$$(\hat{R}_N^{\phi})^{(k)} = (\hat{R}^{\phi})^{(k)} / \hat{F}_{R\phi} \tag{10.4}$$

where $\hat{F}_{R\phi}$ is the normalisation factor

The normalisation factor $\hat{F}_{R\phi}$ is a reference level of the residuals for flow variable ϕ. Three common normalisation methods are given below:

$$\hat{F}_{R\phi} = (\hat{R}^{\phi})^{(k_o)} \quad \Rightarrow (\hat{R}_N^{\phi})^{(k)} = (\hat{R}^{\phi})^{(k)} / (\hat{R}^{\phi})^{(k_o)} \tag{10.5a}$$

$$\hat{F}_{R\phi} = \sum_{j}^{inlet\ cells} (\rho A \mathbf{U} \cdot \mathbf{n})_j \phi_j \Rightarrow (\hat{R}_N^{\phi})^{(k)} = (\hat{R}^{\phi})^{(k)} \Big/ \sum_{j}^{inlet\ cells} (\rho A \mathbf{U} \cdot \mathbf{n})_j \phi_j \tag{10.5b}$$

$$\hat{F}_{R\phi} = \sum_{i=1}^{M} \left| (a_P \phi_P)_i^{(k)} \right| \quad \Rightarrow (\hat{R}_S^{\phi})^{(k)} = (\hat{R}^{\phi})^{(k)} \Big/ \sum_{i=1}^{M} \left| (a_P \phi_P)_i^{(k)} \right| \tag{10.5c}$$

강 의 노 트

※ 1.

※ 2.

※ 3.

Input uncertainty

- Input uncertainty
    - Domain geometry
    - Boundary conditions
    - Fluid properties

- Domain geometry
    - geometry of object and the region of interest
    - express approximate real geometry (for example, curve or circle)
    - CAD model : complex, unnecessary parts in CFD → simplification

- Boundary conditions
    - flow variables such as velocity, pressure, temperature(or heat flux)
    - inaccurate information
    - impossible to represent the boundary condition exactly → simplification

- Fluid properties
    - density, viscosity and thermal conductivity

강 의 노 트

※ 1.

※ 2.

※ 3.

Physical model uncertainty

- Limited accuracy or lack of validity of submodels
    - turbulence model
    - chemical reactions
    - electromagnetic field
    - etc

- Limited accuracy or lack of validity of simplifying assumptions
    - Steady vs. transient
    - Two-dimensional, axisymmetric, vs. fully three-dimensional
    - Incompressible vs. compressible
    - Adiabatic vs. heat transfer
    - single species/phase vs. multi-component/phase

강 의 노 트

※ 1.

※ 2.

※ 3.

Verification and validation

- Verification : the process of determining that a model implementation accurately represents the developer's conceptual description of the model and the solution to the model → "solving the equation right"

- Validation : the process of determining the degree to which a model is an accurate representation of the real world form the perspective of the intended uses of the model → "solving the right equations"

Verification and validation

- Verification
    - quantification of the errors
    - roundoff errors : machine accuracy (single precision : 7 significant figures in FORTRAN, double precision : 16 significant figures)
    - Iterative convergence errors : Criteria of residuals (continuity, momentum, energy and scalar transport)
    - Discretization error : mesh (grid) test → two or three successive levels of mesh refinement (coarse, medium and fine mesh test)

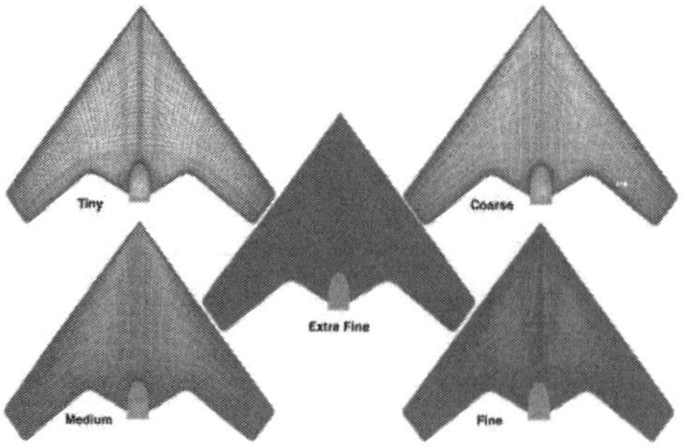

Verification and validation

- GCI (Grid Convergence Indicator, by Roache 1997)

Estimation of the error Eu in a target quantity U as a function of mesh size h

$$E_U(h) = U_{exact} - U \approx Ch^p \qquad (10.6)$$

where C is a constant and p is the order of the numerical scheme

For two meshes with refinement ratio $r=h_2/h_1$, U1 and U2

$$E_{U,1} = \frac{U_2 - U_1}{1 - r^p} \qquad (10.7a)$$

$$E_{U,2} = r^p\left(\frac{U_2 - U_1}{1 - r^p}\right) \qquad (10.7b)$$

where $E_{U,1}$ is the error in the coarse solution and $E_{U,2}$ is the error in the fine mesh solution

Grid convergence indicator $GCI_U=F_SE_U$ (F_S : safety factor~3)

For constant refinement ratio $r=h_2/h_1=h_3/h_2$, observed order p of the truncation rate decay

$$\tilde{p} = \ln\left(\frac{U_3 - U_2}{U_2 - U_1}\right)\Big/\ln(r) \qquad (10.9)$$

where $U_2 - U_1$ is the difference between the solutions on the medium and coarse mesh

and $U_3 - U_2$ is the difference between the solutions on the fine and medium mesh

Verification and validation

- Validation
    - Input uncertainty : sensitivity analysis or uncertainty analysis
    - Physical modelling uncertainty : comparison of CFD results with high quality experimental results

- Data sources for verification and validation

- ERCOFTAC: http://ercoftac.mech.surrey.ac.uk/ – the leading database with links to refereed experimental datasets and high-quality CFD simulations including LES and DNS
- NASA: http://www.larc.nasa.gov/reports/reports.htm/ – NACA and NASA reports in downloadable form
- Flownet: http://dataserv.inria.fr/flownet/ – EU database
- Overview of current validation resources: http://www.cfd-online.com/Resources/refs.html

Reporting of CFD simulation

- Input documentation
  - General description of the problem and purpose of CFD simulation
  - Code chosen for solution of problem
  - Computing platform used for run
  - Schematic diagram of the region of interest with all key dimensions, flow inlets and outlets
  - Boundary conditions – include comments on/justifications of assumptions made and known areas of approximation or lack of information
  - Initial conditions for transient flow simulations or field initialisations for steady flow studies
  - Fluid properties – include comments/justifications of assumptions and data sources
  - Modelling option selections: (i) laminar/turbulent + turbulence model + near-wall treatment, (ii) combustion model, (iii) other physical models – with comments/justifications on selections
  - Grid design: temporal mesh, space mesh including one or more diagrams of the grid that are sufficiently clear to illustrate the approach to mesh design – also give written comments on compromises and details of grid-independence study
  - Solution algorithm choices – particularly non-default choices; note that default settings may change as a CFD code evolves, so a comprehensive summary of all the main selections (first/second-order schemes, multigrid options, segregated/coupled solver etc.) is preferable for long-term archiving
  - Iterative convergence criteria choices: settings of truncation levels for residuals and choice of additional target quantities for convergence monitoring
  - Brief summary of particular aspects of simulation design that required special attention to get simulation to work and to get accurate results, also noting unresolved problem issues

Reporting of CFD simulation

- Results interpretation and reporting
  - Velocity vector plots
  - Streaklines and particle paths
  - Contour plots of flow variable
  - Profile plots
  - Grid display
  - View manipulation

- Local variable : velocity, pressure or temperature etc.
  skin friction/pressure coefficient
- Global variable : Lift/drag coefficient, moment coefficient

CFD is not Colorful Fluid Dynamics !!!
Interpretation of flow physics is more important !!!

Chapter 09.

Turbulent Flow Simulation

Turbulent flow

Turbulence

Velocity history in time

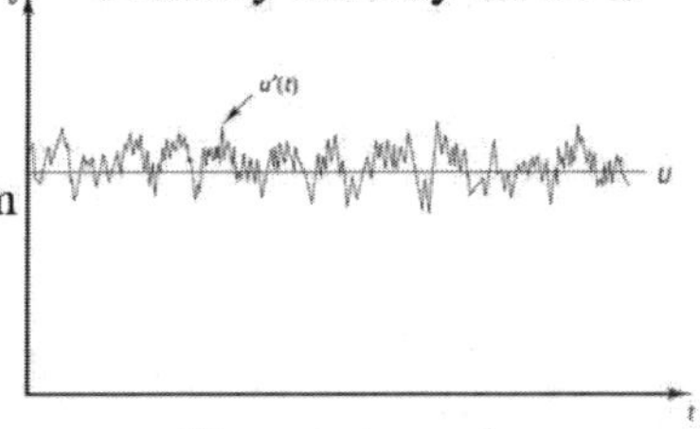

Laminar-Transition-Turbulence
Behavior looks random and chaotic but not random

Eddies

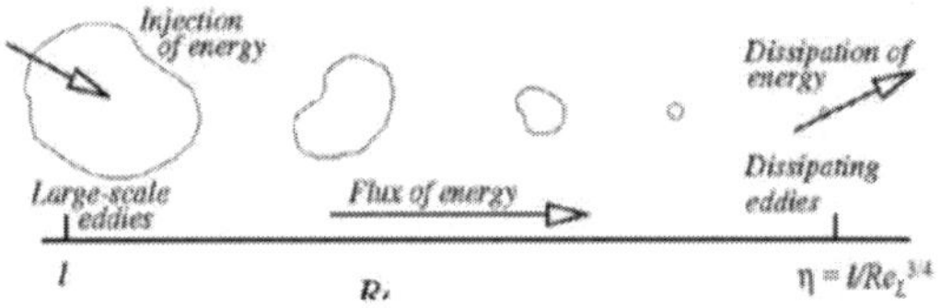

Energy spectrum

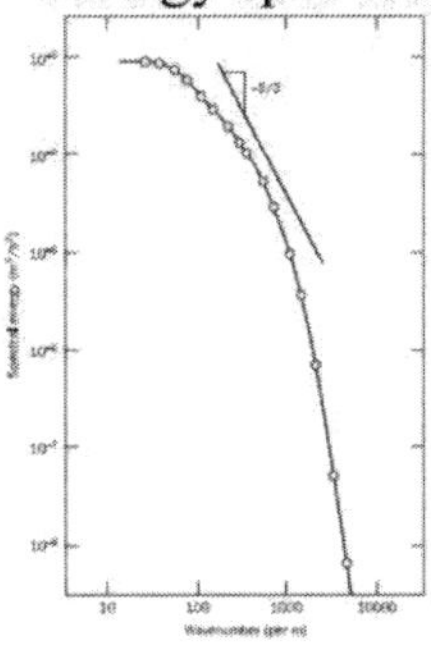

Turbulent flow

Length scale

The length scale is related with the grid size. (*l, T*)

Smallest length scale in turbulent flow : Kolmogorov microscale

$$length\ scale:\ \eta = (\nu^3/\varepsilon)^{1/4}$$

$$velocity\ scale:\ u_\eta = (\varepsilon\nu)^{1/4}$$

$$time\ scale:\ \tau_\eta = (\nu/\varepsilon)^{1/2}$$

$$(u_\eta/\eta) = 1/\tau_\eta$$

$$\mathrm{Re}_\eta = \eta u_\eta/\nu = 1$$

Length-scale ratio $\frac{\eta}{\ell} \approx Re_\ell^{-3/4}$

Time-scale ratio $\frac{\tau}{T} \approx Re_\ell^{-1/2}$

Velocity-scale ratio $\frac{\upsilon}{\vartheta} \approx Re_\ell^{-1/4}$

Typically η is approximately 0.1~0.01 mm in engineering problem.

Turbulent flow in internal and external flow

Reynolds number

$$Re_D = \frac{\rho U_\infty D}{\mu} \text{ (internal flow)} \quad Re_x = \frac{\rho U_\infty x}{\mu} \text{ (external flow)}$$

Internal flow (pipe or channel flow)

- Critical Reynolds number $Re_{crit} \approx 2{,}100$

External flow (flat plate, airfoil or cylinder)

- Critical Reynolds number $Re_{crit} \approx 5\times10^5$

강 의 노 트

※ 1.

※ 2.

※ 3.

Turbulent boundary layer

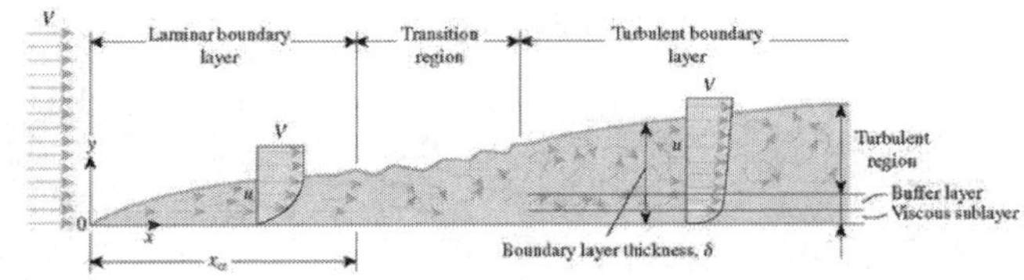

FIGURE 6–14
The development of the boundary layer for flow over a flat plate, and the different flow regimes.
Courtesy of University of Delaware.

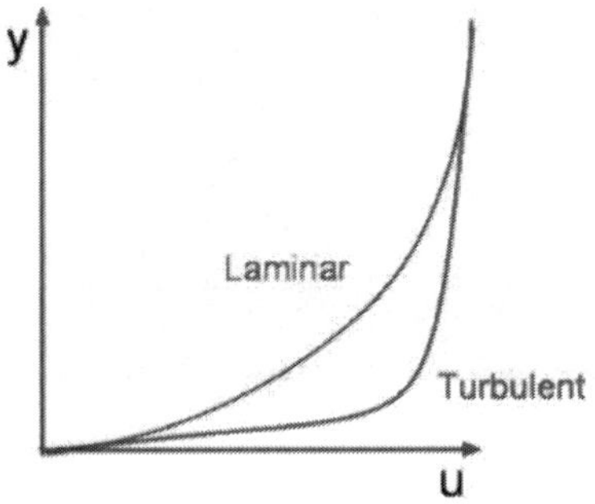

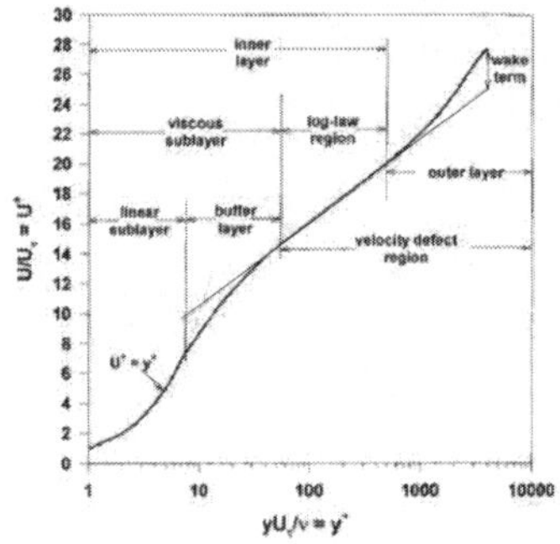

$$y^+ = \frac{\rho u_\tau y}{\mu}$$

$$u_\tau = \sqrt{\frac{\tau_w}{\rho}}$$

Turbulent boundary layer

- To simulate turbulent boundary layer, the first grid interval off the wall is very important.

- The first grid point off the wall is satisfied with below conditions depending on the turbulence model.
  (y+ calculator : http://www.pointwise.com/yplus/)

- With the wall function model

  $30 \le y+ \le 100$

- Without the wall function model

  $y+ \le 10$

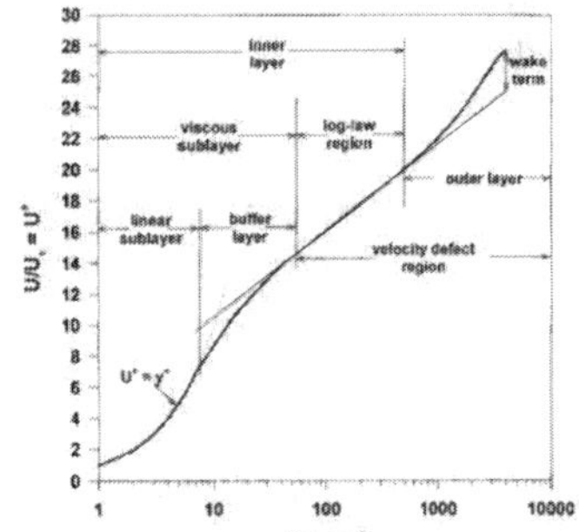

$$y^+ = \frac{\rho u_\tau y}{\mu}$$

$$u_\tau = \sqrt{\frac{\tau_w}{\rho}}$$

Turbulent boundary layer

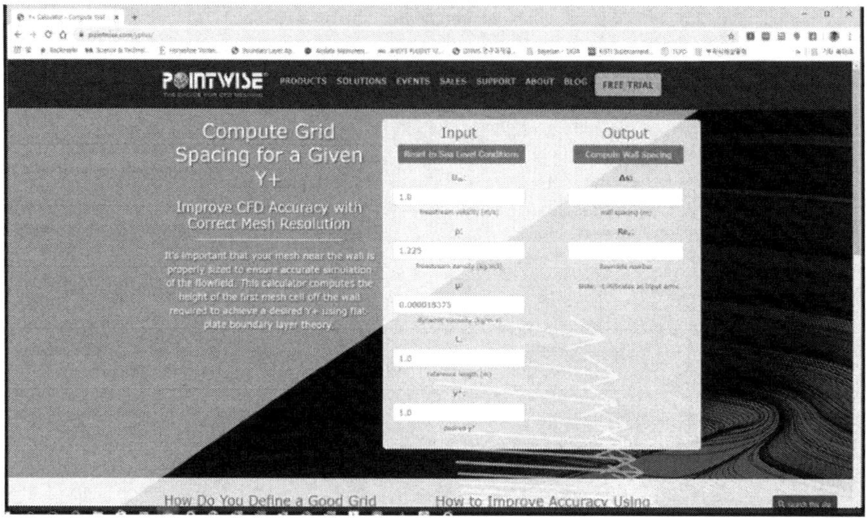

강 의 노 트

※ 1.

※ 2.

※ 3.

Turbulence modeling

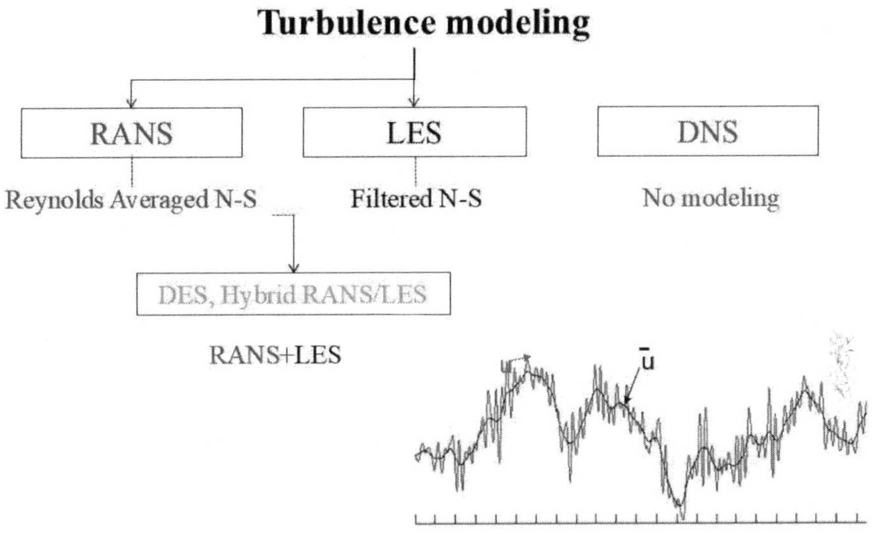

Turbulent flow

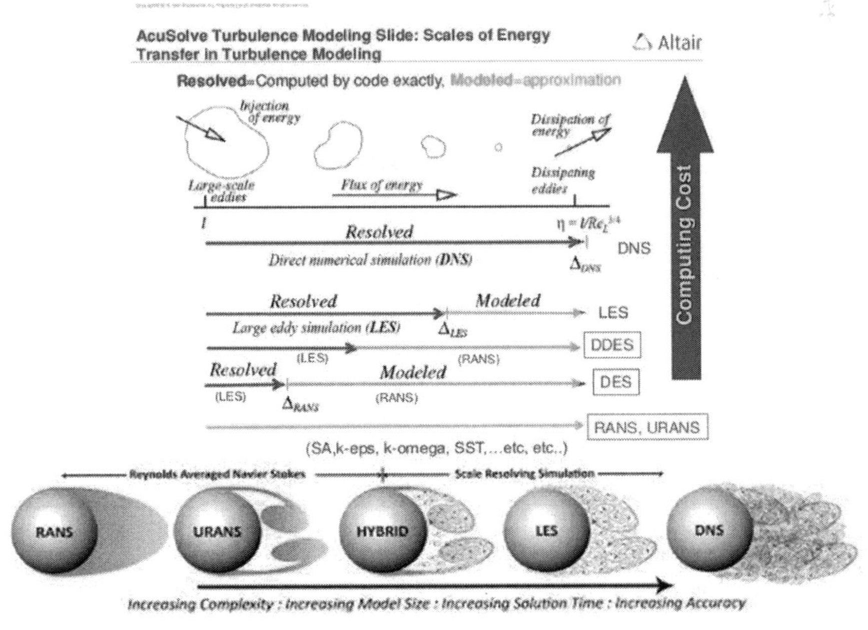

Turbulence modeling

Navier-Stokes equations

$$\frac{\partial u_j}{\partial x_j} = 0$$

$$\frac{\partial u_j}{\partial t} + u_j \frac{\partial u_i}{\partial x_j} = -\frac{1}{\rho}\frac{\partial p}{\partial x_i} + \frac{1}{\rho}\frac{\partial \sigma_{ij}}{\partial x_j}$$

$$u = \bar{u} + u'$$

Reynolds Averaged Navier-Stokes equations

$$\frac{\partial \bar{u}_j}{\partial x_j} = 0$$

$$\frac{\partial \bar{u}_j}{\partial t} + \bar{u}_j \frac{\partial \bar{u}_i}{\partial x_j} = -\frac{1}{\rho}\frac{\partial \bar{p}}{\partial x_i} + \frac{1}{\rho}\frac{\partial \bar{\sigma}_{ij}}{\partial x_j} - \frac{\partial \overline{u_i' u_j'}}{\partial x_j}$$

$$-\rho \tau_{ij} = \overline{u_i' u_j'} \quad \textbf{(Reynolds stress)}$$

Turbulence modeling

Reynolds Stress model

$$\frac{\partial \overline{u_i' u_j'}}{\partial t} + u_k \frac{\partial \overline{u_i' u_j'}}{\partial x_k} = G_{ij} - D_{ij} - \frac{\partial J_{ijk}}{\partial x_k} + T_{ij}$$

$$G_{ij} = -\overline{u_i' u_k'} \frac{\partial u_j}{\partial x_k} - \overline{u_j' u_k'} \frac{\partial u_i}{\partial x_k}$$

$$D_{ij} = \frac{1}{\rho}\left[\overline{\tau_{ik}' \frac{\partial u_j'}{\partial x_k}} + \overline{\tau_{jk}' \frac{\partial u_i'}{\partial x_k}} \right] \Rightarrow \varepsilon_{ij} = 2\nu \overline{\frac{\partial u_i'}{\partial x_k}\frac{\partial u_j'}{\partial x_k}}$$

$$\frac{\partial \varepsilon}{\partial t} + u_j \frac{\partial \varepsilon}{\partial x_j} = C_{\varepsilon 1}\frac{\varepsilon}{k}\left[-\overline{u_i' u_j'} \frac{\partial u_i}{\partial x_j} \right] - C_{\varepsilon 2}\frac{\varepsilon^2}{k} + \frac{\partial}{\partial x_j}\left[\left(\nu - C_\varepsilon \frac{k}{\varepsilon} \overline{u_i' u_j'} \right) \frac{\partial \varepsilon}{\partial x_j} \right]$$

- Production, dissipation, diffusion, pressure-strain rate terms
- Diffusion, Pressure-strain, Dissipation terms are to be modeled.
- To closure of Reynolds stress model, transport equation of the dissipation rate is introduced. (6+1=7 equations have to be solved)

Turbulence modeling

Two equation model (k-ε model) $k=\left(\overline{u_1'^2}+\overline{u_2'^2}+\overline{u_3'^2}\right)/2$

$$\frac{\partial k}{\partial t}+u_j\frac{\partial k}{\partial x_j}=-\overline{u_i'u_j'}\frac{\partial u_i}{\partial x_j}-\varepsilon+\frac{\partial}{\partial x_j}\left[\frac{\nu_T}{\sigma_k}\frac{\partial k}{\partial x_j}\right]$$

$$\frac{\partial \varepsilon}{\partial t}+u_j\frac{\partial \varepsilon}{\partial x_j}=C_{\varepsilon 1}\frac{\varepsilon}{k}\left[-\overline{u_i'u_j'}\frac{\partial u_i}{\partial x_j}\right]-C_{\varepsilon 2}\frac{\varepsilon^2}{k}+\frac{\partial}{\partial x_j}\left[\frac{\nu_T}{\sigma_\varepsilon}\frac{\partial \varepsilon}{\partial x_j}\right]$$

$$\overline{u_i'u_j'}=\frac{2}{3}k\delta_{ij}-\nu_T\left(\frac{\partial u_i}{\partial x_j}+\frac{\partial u_j}{\partial x_i}\right)$$

$$\nu_T=C_\mu\frac{k^2}{\varepsilon}$$

- Newtonian eddy-viscosity model
- The model consider only isotropy of the normal stress and, therefore, cannot describe Reynolds-stress driven secondary motion in three dimensional flows
- The model is developed at high Reynolds numbers condition, where the direct effect of molecular viscosity is negligible. Therefore the flow near wall is excluded

Turbulence modeling

Two equation model (k-ω model)

- ω Specific dissipation rate (=ε/k) / dimension [T^{-1}]

$$\frac{\partial k}{\partial t}+u_j\frac{\partial k}{\partial x_j}=-\overline{u_i'u_j'}\frac{\partial u_i}{\partial x_j}-\beta^* k\omega+\frac{\partial}{\partial x_j}\left[\left(\nu+\sigma^*\nu_T\right)\frac{\partial k}{\partial x_j}\right]$$

$$\frac{\partial \omega}{\partial t}+u_j\frac{\partial \omega}{\partial x_j}=\alpha\frac{\omega}{k}\left[-\overline{u_i'u_j'}\frac{\partial u_i}{\partial x_j}\right]-\beta\omega^2+\frac{\partial}{\partial x_j}\left[\left(\nu+\sigma\nu_T\right)\frac{\partial \omega}{\partial x_j}\right]$$

$$\nu_T=k/\omega$$

Two equation model (SST k-ω model)

- **k-ε is unstable near wall and k-ω show have dependency on freeestream ω**
- **k-ω model in near wall and k-ε model in freestream**

Turbulence modeling

One equation model (S-A model)

$$\frac{\partial \bar{\nu}}{\partial t}+u_j\frac{\partial \bar{\nu}}{\partial x_j}=c_{b1}\bar{S}\bar{\nu}-c_{w1}f_w\left(\frac{\bar{\nu}}{d}\right)^2+\frac{1}{\sigma}\frac{\partial}{\partial x_k}\left[\left(\nu+\bar{\nu}\right)\frac{\partial \bar{\nu}}{\partial x_k}\right]+\frac{c_{b2}}{\sigma}\frac{\partial \bar{\nu}}{\partial x_k}\frac{\partial \bar{\nu}}{\partial x_k}$$

$$\nu_T=\bar{\nu}f_{v1}$$

- Proposed by Spalart (Engineer in Boeing company)
- d is distance from the closest surface.
- Transition model could be implemented with additional closure coefficient.
- This model is optimized for aerodynamics application. Prediction is good in **mixing layer**.
- However it is not appropriate to applications involving jet-like free shear layer regions (ex. round jets or plane-jet)

Turbulence modeling

Low Reynolds number (near wall) turbulence

$$\nu_T=C_\mu f_\mu\frac{k^2}{\varepsilon}$$

$$\frac{\partial \varepsilon}{\partial t}+u_j\frac{\partial \varepsilon}{\partial x_j}=C_{\varepsilon 1}f_1\frac{\varepsilon}{k}\left[-\overline{u_i'u_j'}\frac{\partial u_i}{\partial x_j}\right]-C_{\varepsilon 2}f_2\frac{\varepsilon^2}{k}+\frac{\partial}{\partial x_j}\left[\left(\nu+\frac{\nu_T}{\sigma_\varepsilon}\right)\frac{\partial \varepsilon}{\partial x_j}\right]$$

- All of transport equation based model were developed for fully developed turbulent flows at high Reynolds number.
- To simulate turbulent flows with wall (this means Re near wall is low), low Reynolds number model should be implemented using damping function (f_μ, f_1, f_2)

Turbulence modeling

γ-Re$_\theta$ Transition model

$$\frac{\partial(\rho\gamma)}{\partial t}+\frac{\partial(\rho\gamma u_j)}{\partial x_j}=P_{\gamma 1}-E_{\gamma 1}+P_{\gamma 2}-E_{\gamma 2}+\frac{\partial}{\partial x_j}\left[\left(\mu+\frac{\mu_t}{\sigma_\gamma}\right)\frac{\partial\gamma}{\partial x_j}\right]$$

$$\frac{\partial(\rho\,\mathrm{Re}_\theta)}{\partial t}+\frac{\partial(\rho\gamma\,\mathrm{Re}_\theta)}{\partial x_j}=P_{\theta t}+\frac{\partial}{\partial x_j}\left[\sigma_{\theta t}(\mu+\mu_t)\frac{\partial\,\mathrm{Re}_\theta}{\partial x_j}\right]$$

- Coupling of the SST k-ω model with two other transport equations
- γ - equation: transport equation for the intermittency ($0 <= \gamma <= 1$)
- Re$_\theta$ - equation : transport equation for the transition momentum (transition onset criteria)
- Proposed by Langtry and Menter (AIAA 2005-522)

Turbulence modeling

γ-Re$_\theta$ Transition model

$$\frac{\partial(\rho\gamma)}{\partial t}+\frac{\partial(\rho\gamma u_j)}{\partial x_j}=P_{\gamma 1}-E_{\gamma 1}+P_{\gamma 2}-E_{\gamma 2}+\frac{\partial}{\partial x_j}\left[\left(\mu+\frac{\mu_t}{\sigma_\gamma}\right)\frac{\partial\gamma}{\partial x_j}\right]$$

$$\frac{\partial(\rho\,\mathrm{Re}_\theta)}{\partial t}+\frac{\partial(\rho\gamma\,\mathrm{Re}_\theta)}{\partial x_j}=P_{\theta t}+\frac{\partial}{\partial x_j}\left[\sigma_{\theta t}(\mu+\mu_t)\frac{\partial\,\mathrm{Re}_\theta}{\partial x_j}\right]$$

Main parameters

- F_{length} : empirical correlation that controls the length of the transition region
- Re$_{\theta c}$: the critical Reynolds number where the intermittency first starts to increase
- Re$_{\theta t}$'s b.c. : zero flux at a wall, the empirical correlation based on the inlet turbulence intensity at an inlet
- Re$_{\Theta c}$: the point where the model is activated in order to match Re$_{\Theta t}$ and F_{length}
- γ_{sep} : separation-induced transition correction

Turbulence modeling

γ-Re$_\theta$ Transition model

$$\frac{\partial(\rho\gamma)}{\partial t} + \frac{\partial(\rho\gamma u_j)}{\partial x_j} = P_{\gamma 1} - E_{\gamma 1} + P_{\gamma 2} - E_{\gamma 2} + \frac{\partial}{\partial x_j}\left[\left(\mu + \frac{\mu_t}{\sigma_\gamma}\right)\frac{\partial \gamma}{\partial x_j}\right]$$

$$\frac{\partial(\rho \mathrm{Re}_\theta)}{\partial t} + \frac{\partial(\rho\gamma \mathrm{Re}_\theta)}{\partial x_j} = P_{\theta t} + \frac{\partial}{\partial x_j}\left[\sigma_\theta(\mu + \mu_t)\frac{\partial \mathrm{Re}_\theta}{\partial x_j}\right]$$

Mesh requirements

- y+ should be approximately one or less
- As y+ increases, the transition onset location begins to move upstream
- Very small y+ values (below 0.001) should be avoided
- The effect of the wall normal expansion ratio should be smaller than 1.1

[ANSYS FLUENT THEORY GUIDE]

Turbulence modeling

Which turbulence modeling ?

- k-ε with low Reynolds number model : flows with wall
- k-ω : free shear flow (spreading rate, vortex)
- SST k-ω : airfoil, transonic shock waves ..
- RSM : highly swirling flows and stress-driven secondary flow

k-ε standard

Nonlinear k-ε

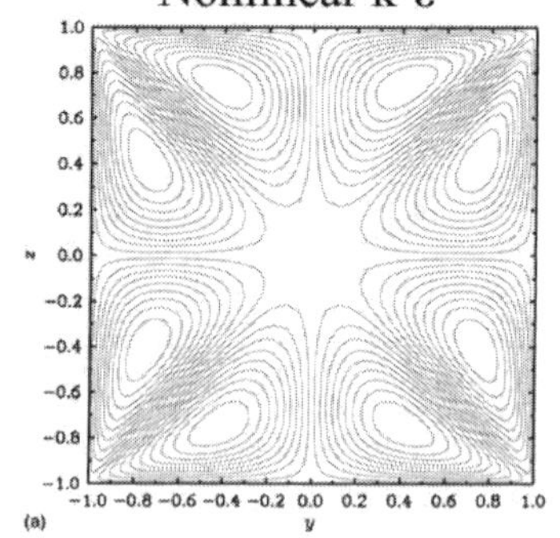

Turbulence modeling

Which mode is popular in Engineering users ?

- Survey in Journal of Fluids Engineering during 2009-2011
- Over 2/3 of all simulation reported using 1 or 2 equation model (S-A, k-ε family, k-ω family)
- SST model is popular in aerodynamic applications

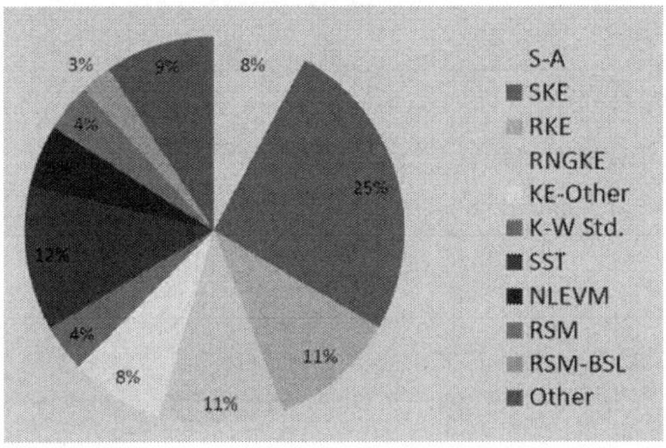

Standard k-ε
Realizable k-ε
Renormalization group k-ε

Ref. : P. Davoidabadi, The most accurate and advanced turbulence capabilities, ANSYS

Turbulence modeling

DES (Detached Eddy Simulation)

- Disadvantage of RANS
  - RANS is not accurate in many separated flows
  - One RANS model cannot do all flows
- But LES is too expensive in high Reynolds number
  - Example : wall bounded channel flow ($\Delta x^+=100, \Delta y^+=1, \Delta z^+=5$)
  - Number of grid points is proportional to Re^2
- Hybrid RANS/LES (Detached Eddy Simulation)
  - RANS is as good as LES for boundary layer
  - LES does better job in free shear flows
  - Idea : Use RANS in b.l. / Use LES in detached region

  - Good for engineering problems
  - Problem : How to construct grids (RANS grid or LES grid ?)
  - Reference : Young Person's guide

Turbulence modeling

DES (Detached Eddy Simulation) –SA DES & SST-DES

$$\frac{\partial \bar{\nu}}{\partial t} + u_j \frac{\partial \bar{\nu}}{\partial x_j} = c_{b1} \bar{S} \bar{\nu} - c_{w1} f_w \left(\frac{\bar{\nu}}{\tilde{d}} \right)^2 + \frac{1}{\sigma} \frac{\partial}{\partial x_k} \left[(\nu + \bar{\nu}) \frac{\partial \bar{\nu}}{\partial x_k} \right] + \frac{c_{b2}}{\sigma} \frac{\partial \bar{\nu}}{\partial x_k} \frac{\partial \bar{\nu}}{\partial x_k}$$

$$\nu_T = \bar{\nu} f_{v1}$$

$$\tilde{d} = \min(d, C_{DES} \Delta)$$
$$\Delta = \max(\Delta_x, \Delta_y, \Delta_z)$$

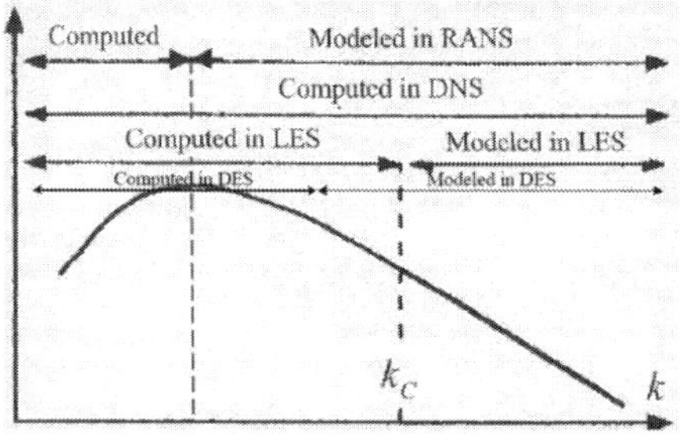

Turbulence modeling

DDES (Delayed Detached Eddy Simulation)

$$\tilde{d} = \min(d, C_{DES} \Delta)$$
$$\Delta = \max(\Delta_x, \Delta_y, \Delta_z)$$

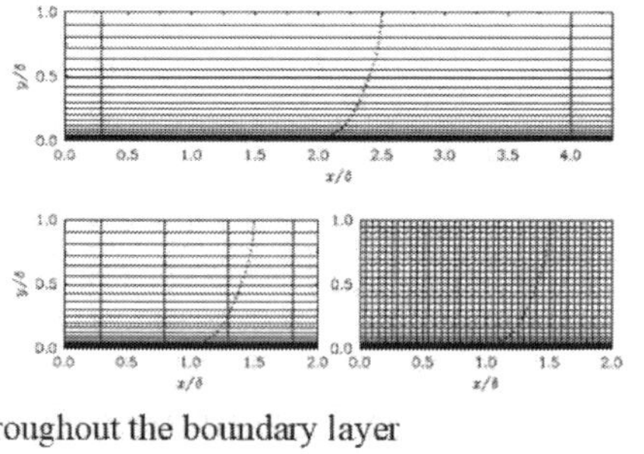

- Type I : length scale = d, RANS throughout the boundary layer
- Type III : extreme LES grid, all spacing is much smaller than δ, length scale = $C_{DES}\Delta$ → Wall-modeled LES(WMLES)
- Type II : ambiguous grid, length scale = $C_{DES}\Delta$ in 2/3 of boundary layer → modeled-stress depletion (MSD)

→ **Grid convergence problem !!**

Turbulence modeling

DDES (Delayed Detached Eddy Simulation)

$$\tilde{d} = d - f_d \max\left(0, d - C_{DES}\Delta\right)$$
$$f_d = 1 - \tanh\left([8r_d]^3\right)$$
$$r_d = \frac{\nu_t + \nu}{\left(u_{i,j}u_{i,j}\right)^{0.5}\kappa^2 d^2}$$

- Spalart et al. (2006), A new version of detached-eddy simulation, resistant to ambiguous grid densities
- Incorrect behavior in the regions of thick boundary layers and shallow separation regions due to the grid spacing dependence
- A blending function to limit the length scale to ensure the transition of RANS to LES independent of grid spacing

강 의 노 트

※ 1.

※ 2.

※ 3.

에듀컨텐츠·휴피아
ECH Educontents·Huepia

Chapter 10.

Applications

에듀컨텐츠·휴피아
Educontents·Huepia

Applications

Turbulence modeling
γ-Re_θ Transition model

Ref. ANSYS

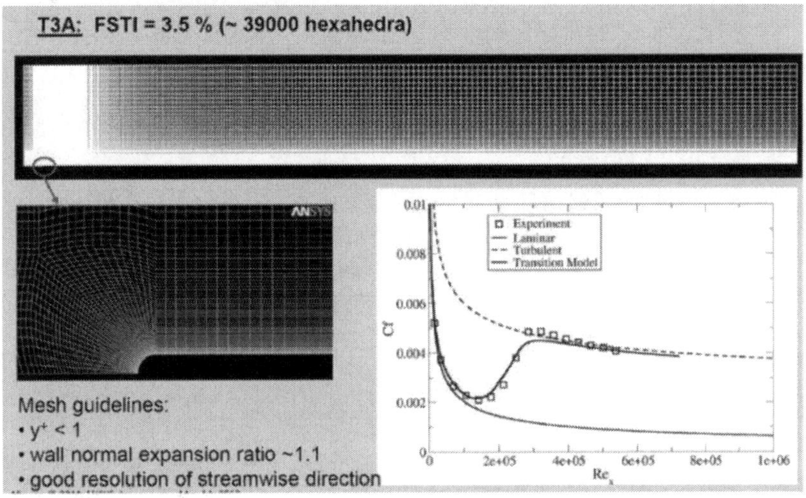

Applications

Turbulence modeling
γ-Re_θ Transition model

Ref. ANSYS

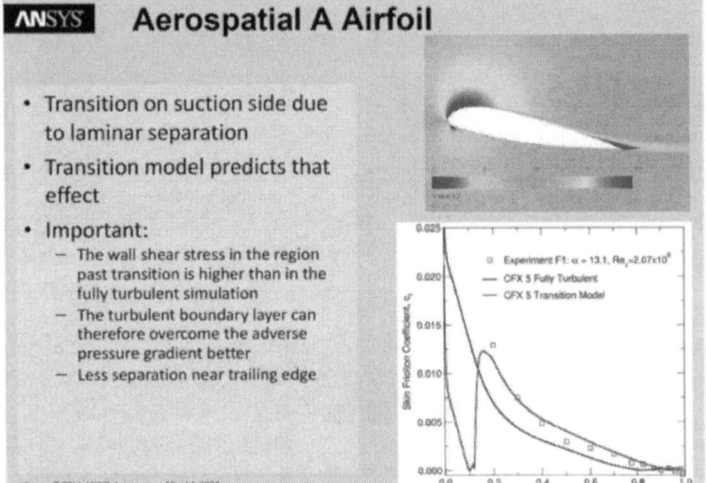

Applications

Turbulence modeling
γ-Re_θ Transition model

Ref. ANSYS

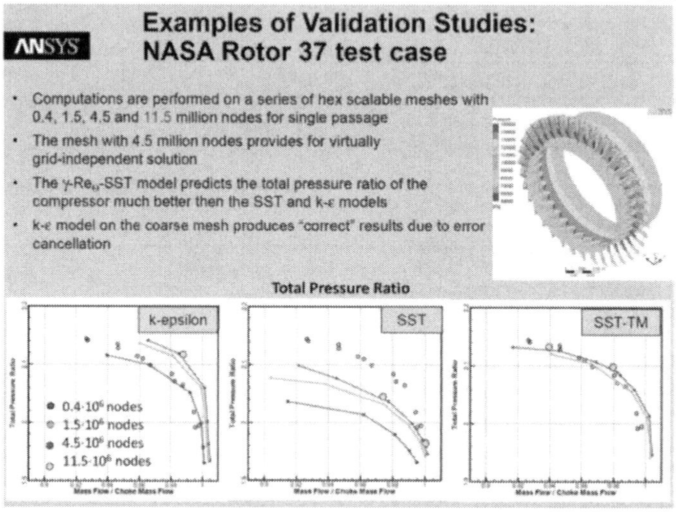

Applications

DES (Detached Eddy Simulation)

- Airfoil (Spalart)

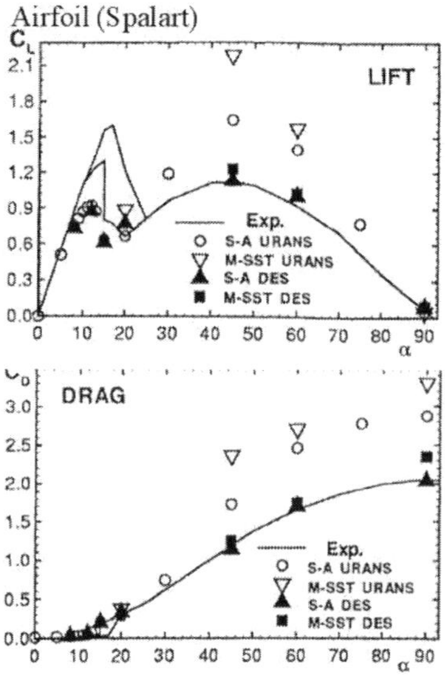

- Circular cylinder

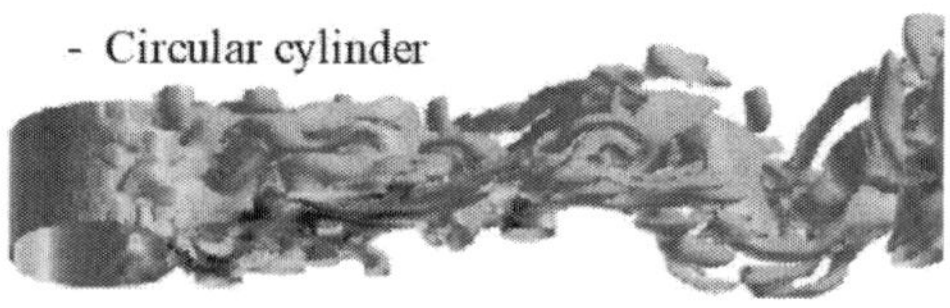

OVERFLOW S-A DES

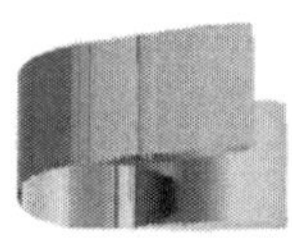

OVERFLOW S-A RANS

Applications

DES (Detached Eddy Simulation)

- Sphere (G. Constantienscu and K. Squire)

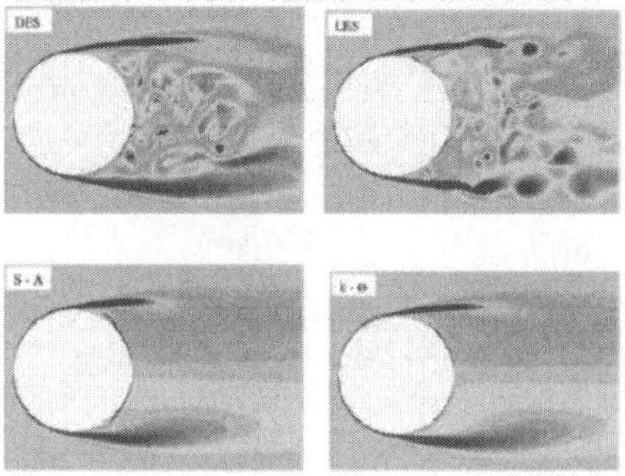

Vortical structures

C_d history

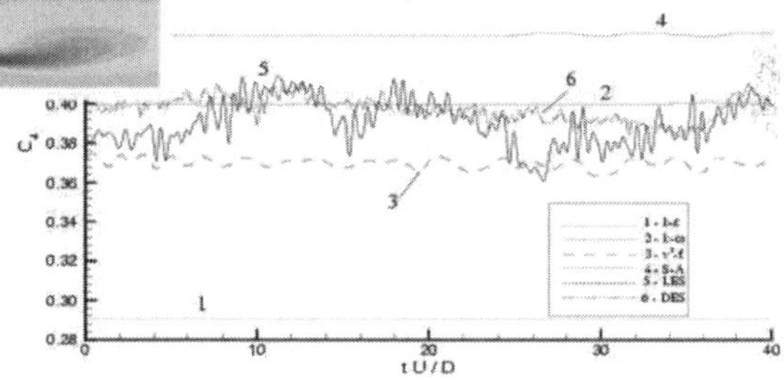

Applications

DDES (Delayed Detached Eddy Simulation)

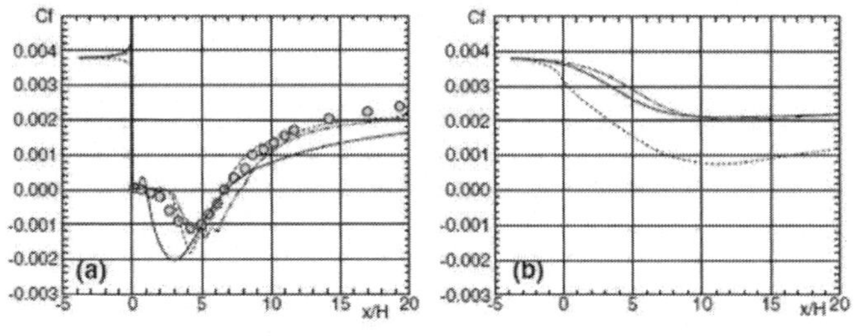

Skin friction coefficient, O:Exp, -:RANS, --:DES97, a) step side, b) opposite side

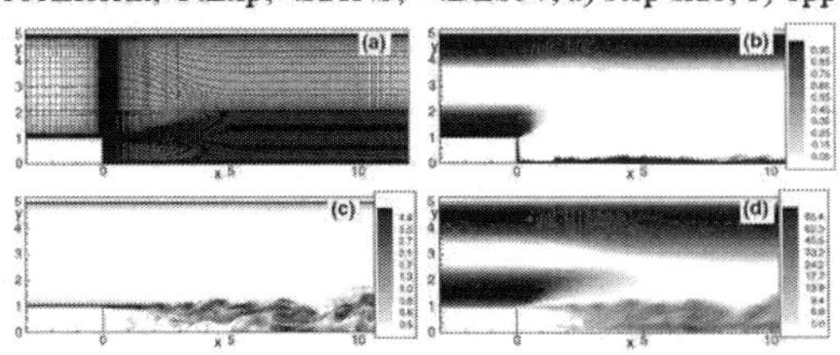

a) grid, b) 1-fd function, c) vorticity, d) eddy viscosity

Applications

Hybrid RANS/LES

- RANS+LES

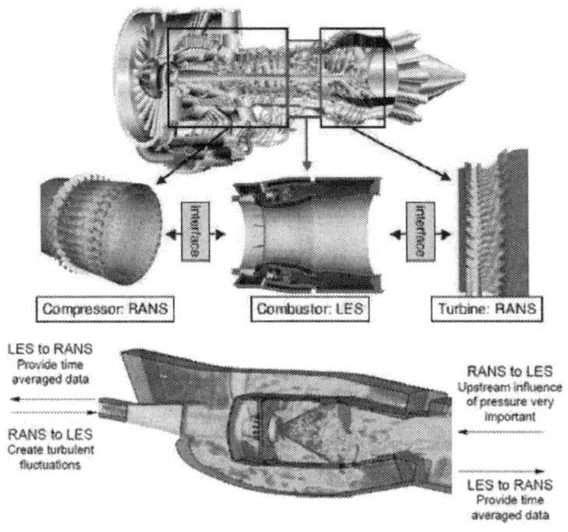

CTR, *J.U. Schluter*

- RANS (Near wall)+LES (Freestream)

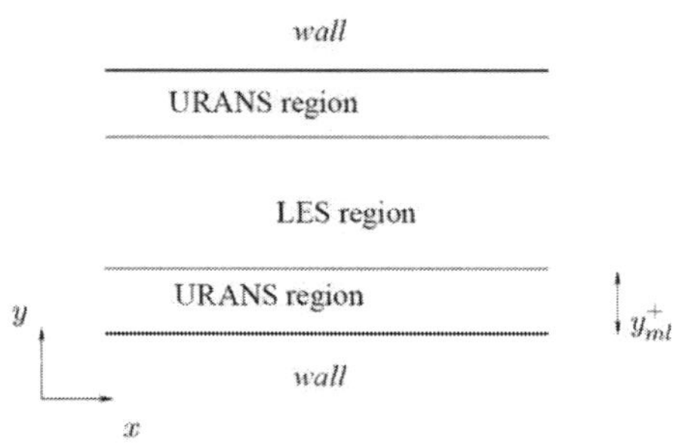

Problem

Interface b.t.w. RANS & LES

(RANS→LES)

강 의 노 트

※ 1.

※ 2.

※ 3.

Turbulent modeling

Critical flow phenomenon (CFD-Vision 2030 Study, NASA/CR-2014)

NASA/CR–2014-218178

CFD Vision 2030 Study: A Path to Revolutionary Computational Aerosciences

Jeffrey Slotnick and Abdollah Khodadoust
Boeing Research & Technology, Huntington Beach, California

Juan Alonso
Stanford University, Stanford, California

David Darmofal
Massachusetts Institute of Technology, Cambridge, Massachusetts

William Gropp
National Center for Supercomputing Applications, Urbana, Illinois

Elizabeth Lurie
Pratt & Whitney, United Technologies Corporation, East Hartford, Connecticut

Dimitri Mavriplis
University of Wyoming, Laramie, Wyoming

Case study

1. Current utilization of HPC at NASA
2. LES cost estimation and 2030 outlook
3. Scalable solver development
4. Impact of CFD tool development on NASA
5. Community verification and validation resources
6. Sponsored research institute

Turbulent modeling

Critical flow phenomenon (CFD-Vision 2030 Study, NASA/CR-2014)

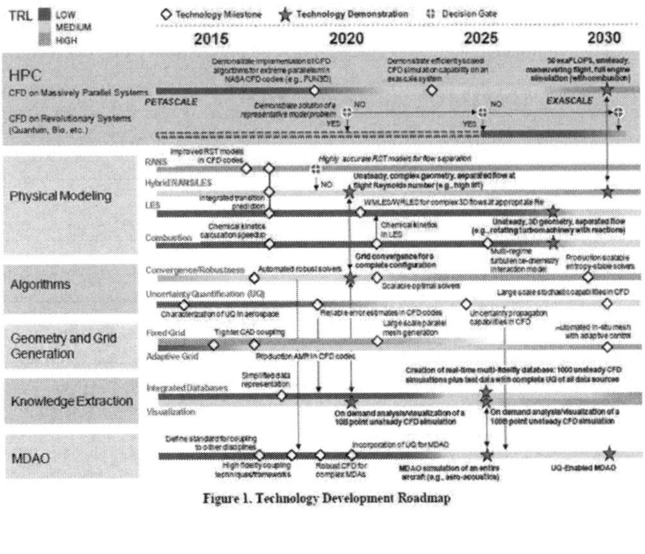

Figure 1. Technology Development Roadmap

Turbulent modeling

Critical flow phenomenon
(CFD-Vision 2030 Study, NASA/CR-2014)

- Flow separation: e.g., smooth-body, shock-induced, blunt/bluff body
- Laminar to turbulent boundary layer flow transition/reattachment
- Viscous wake interactions and boundary layer confluence
- Corner/junction flows
- Icing and frost
- Circulation and flow separation control
- Turbomachinery flows
- Aerothermal cooling/mixing flows
- Reactive flows, including gas chemistry and combustion
- Jet exhaust
- Airframe noise
- Vortical flows: wing/blade tip, rotorcraft

- Wake hazard reduction and avoidance
- Wind tunnel to flight scaling
- Rotor aero/structural/controls, wake and multirotor interactions, acoustic loading, ground effects
- Shock/boundary layer, shock/jet interactions
- Sonic boom
- Store/booster separation
- Planetary retro-propulsion
- Aerodynamic/radiative heating
- Plasma flows
- Ablator aerothermodynamics
- Plasma flows

Turbulence modeling

References text

Turbulence

Pope, "Turbulent flows"

RANS

Wilcox, "Turbulence modeling for CFD"
Durbin, "Statistical theory and modeling for turbulent flows"

LES

Sagaut, "Large Eddy Simulation for incompressible flows"

DES

Young person's guide
DDES

에듀컨텐츠·휴피아
ECH Educontents·Huepia

전산유체공학

Computational Fluid Dynamics

2025년 11월 15일 초판 1쇄 인쇄
2025년 11월 20일 초판 1쇄 발행

저 자 | 장 경 식 • 지음

발 행 처 | 도서출판 에듀컨텐츠휴피아
발 행 인 | 李 相 烈
등록번호 | 제2017-000042호 (2002년 1월 9일 신고등록)
주 소 | 서울 광진구 자양로 28길 98, 동양빌딩
전 화 | (02) 443-6366
팩 스 | (02) 443-6376
e-mail | iknowledge@naver.com
web | http://cafe.naver.com/eduhuepia
만든사람들 | 기획 • 김수아 / 책임편집 • 이진훈 한진수 정민경
디자인 • 유충현 / 영업 • 이순우

ISBN 978-89-6356-549-1 (93550)
정 가 15,000원

본 교재는 2025년도 산업통상자원부 재원으로 한국에너지기술평가원의 지원을 받아 수행한 섹터커플링 에너지산업 고도화 인력양성사업(과제번호RS-2022-KP002703)으로 제작되었음.